弯道数值模拟技术及其在黄河中的应用

窦身堂　王　明　张晓丽　黄李冰　著

黄河水利出版社

·郑　州·

内容提要

本书论述了弯道水沙输移规律及其数学模拟与应用,全书共分八章。第1章介绍了弯道水沙输移基本特性及河流数学模型的基本问题;第2、3章重点论述了弯道水流的数学模型及弯道水槽试验成果,包括三维紊流模型,水深积分二维模型及二、三维嵌套水流模型建模与关键问题处理,弯道水流运动的基本规律,弯道水流结构,横向环流的形成、发展及消退过程,以及数学模型的验证与测验;第4、5章论述弯道泥沙运动规律及数学模拟方法,包括泥沙分级起动、河床粗化、动态保护层的形成与破坏规律过程,探讨了弯道三维泥沙数学模型及关键问题处理方法;第6、7、8章介绍了河流水沙数值模拟中的前、后处理技术,以及弯道数学模型在黄河中的应用情况等。

本书是一部涉及水力学、河流动力学和数学模拟技术的科技专著,可供广大河流及治河工作者参考使用。

图书在版编目(CIP)数据

弯道数值模拟技术及其在黄河中的应用/窦身堂等著.—郑州:黄河水利出版社,2015.12

ISBN 978-7-5509-1295-3

Ⅰ.①弯… Ⅱ.①窦… Ⅲ.①黄河-泥沙输移-数值模拟-研究 Ⅳ.①TV152

中国版本图书馆CIP数据核字(2015)第286277号

组稿编辑:李洪良 电话:0371-66026352 E-mail:hongliang0013@163.com

出 版 社:黄河水利出版社

地址:河南省郑州市顺河路黄委会综合楼14层 邮政编码:450003

发行单位:黄河水利出版社

发行部电话:0371-66026940、66020550、66028024、66022620(传真)

E-mail:hhslcbs@126.com

承印单位:河南新华印刷集团有限公司

开本:787 mm×1 092 mm 1/16

印张:8.25

字数:190千字 印数:1—1 000

版次:2015年12月第1版 印次:2015年12月第1次印刷

定价:32.00元

前　言

弯曲河流是自然界中较为常见的河型之一，弯曲河流的水沙输移特性及河道演变规律对河岸稳定、河道整治及近岸工程建设起到了非常重要的作用。由于弯曲河道边界条件的不同，弯道中行进的水流泥沙运动特性也与顺直河段中的有所不同，特别是强弯河段，岸线曲折、地形复杂，水流具有明显的三维特性，河道中具有主流引起的纵向输沙及环流引起的横向输沙，两方向输沙是决定弯曲河流冲淤的主要动力因素。

本书基于弯道水沙输移基本理论，结合弯道水槽试验，对弯道水沙输移特性及水流泥沙数学模型展开研究，模型主要包括三维水沙数学模型、弯道修正二维水沙模型、水深平均二维水沙数学模型及二、三维嵌套水流模型；并利用弯道水槽试验分析比较了各模型在弯道中的预测效果及计算时间；最后以天然河道为例检测了二、三维嵌套水流模型的可行性与合理性。

本书的出版得到了“十二五”科技支撑计划项目“黄河中下游高含沙洪水调控关键技术研究”（2012BAB02B02）的资助。

本书共分 8 章，主要内容如下：

第 1 章介绍了本书研究的背景与意义，并对弯道水沙输移基本特性及河流水沙数学模型的基本问题进行了探讨。

第 2 章介绍了基于正交曲线网格，并分别采用壁函数法和 Poisson 方程法处理近底和自由水面问题的三维紊流模型数值模拟方法；然后，在考虑纵向、横向流速垂线分布不均的同时，简化三维因素，忽略垂向流速，结合弯道水流流速分布、床面阻力分布、水流紊动特性等因素，将三维水流方程沿水深积分建立了弯道修正二维水流模型；最后，探讨了二、三维水流模型的嵌套问题，提出二、三维嵌套水流模型的网格布设方法与水力要素守恒型连接模式。

第 3 章通过弯道水流试验揭示弯道水流运动的基本规律，深入认识弯道水流结构，分析横向环流的形成、发展及消退过程，并将试验成果用于数学模型验证，以检测、检验数学模型准确性与适用性。

第 4 章理论分析泥沙分级起动、河床粗化、动态保护层的形成与破坏规律，并通过弯道水槽试验，研究弯道泥沙输移、河床变形、床沙级配调整及河湾形态变化的基本规律。

第 5 章在水流模型基础上，分别建立三维泥沙数学模型、弯道修正二维泥沙模型（考虑横向输沙的二维模型），修正模型中考虑了悬移质垂线分布、弯道低沙输移特性及弯道床面泥沙起动特性等影响因素；并利用弯道水槽试验分析比较了各模型在弯道中的预测效果及计算时间，分析各模型的贴真性。

第 6 章首先探讨了河流水沙数值模拟中的前、后处理技术，主要包括正交曲线网格生成、河道地形数值化及背景网格生成、流场及流(迹)线的绘制、等值线生成及地形图填充等；然后，将二维、三维嵌套水流模型应用于天然河道，检验其可行性与合理性。

第 7 章介绍了弯道数学模型在黄河中的应用情况。

第 8 章为结论与展望。

由于编者水平有限，书中难免存在不足和疏漏，欢迎读者提出宝贵意见。

作　者

2015 年 5 月

目　录

第1章　弯道水沙基本特性

1.1　弯道基本情况

弯曲河流是天然河流中最常见的河型,天然冲积河流通常具有向弯曲型发展的倾向。在我国,这种河型分布得十分广泛,如淮河流域的汝河下游和颍河下游,黄河流域的渭河下游,长江流域的汉江下游以及素有“九曲回肠”之称的长江下荆江河段等,都是典型的弯曲型河道[1]。

天然弯道弯曲程度是沿程变化的,但在一定范围内常近似为圆弧形,就横断面而言,一般呈不对称三角形,凹岸一侧坡陡水深,凸岸一侧坡缓水浅。弯道中行进的水流泥沙在重力和惯性力综合作用下,水位沿横向呈曲线变化,凹岸一侧恒高于凸岸,弯道凸岸水流含沙量较大,河床泥沙颗粒较粗;凹岸水流含沙量相对较低,河床泥沙颗粒相对较细。

弯道水流泥沙规律,在河道整治的规划设计和工程建设、港口兴建、改善河道航运以及引水防沙等方面得到了广泛的利用,如利用弯道凹岸坡陡水深的有利条件,兴建港口、码头;利用弯道横向环流的作用,确定引水口的最佳位置,即引水口布置在含沙量较低、泥沙颗粒较细位置;利用弯道水流泥沙运动的特点,合理地布置电站的排水口,实施“正面引水、侧面排沙”的工程布置,以期发挥最大效益。

天然河流和弯道试验均表明:弯道处在不断的演变当中,凹岸的不断蚀退和凸岸的相应淤长使河湾在平面上不断发生位移和形状改变;随着弯道的演变发展,会出现河道自然裁弯、撇弯、切滩等突变现象。上述现象会使河势发生变化,任其发展下去会对整治工程、河岸建筑物产生不利影响,有时会带来严重后果。

由此可见,研究弯道水沙输移特性及其演变发展规律,不仅对于弯道本身的稳定性,而且对依附于弯道河岸的相关建筑物正常发挥效用都具有非常重要的意义,具有广泛的科学价值和实用价值。

1.2　弯道水沙特性

1.2.1　弯道水沙输移规律研究现状与进展

J. Thomson[2]于1870年首先在试验中发现了弯道水流同时存在着纵向和横向流动,至19世纪末期,J. Thomson[3]、H. Engels[4]等著名学者都在试验中发现弯道泥沙存在横向输运,凹岸的模型沙被异岸转移。

我国学者张瑞瑾[5]早在20世纪60年代对河道水流的环流结构及河段冲淤动态进行了研究,提出了以下认识:弯道环流是河道水流中最常见、最重要的因离心惯性力而产生的环流。弯道河流中的横向输沙主要是由横向环流造成的,而不是由纵向水流造成的,河道水流的输沙是有纵横两方面联系的。因此,一个河段的冲淤除受纵向水流的重要影响外,还受环流的重要影响。如果只看到纵向水流的作用,而忽略环流作用,则对河段冲淤动态全面了解,在很多情况下是不可能的。此后,张瑞瑾和丁君松对此做了大量开创性的研究工作,如张瑞瑾通过比较弯道水槽试验后不同部位颜色沙的分布来研究弯道泥沙输移特性(研究泥沙同岸输移及异岸输移规律);丁君松首次提出了弯道横向挟沙力的概念,并基于理论分析和弯道试验给出了弯道横向挟沙力的计算公式。

此外,国内外很多学者都对弯道水流、泥沙的特性进行了研究,并取得了丰硕成果。对弯道水流、泥沙的研究主要集中在弯道水流水面横比降、纵向流速分布、横向环流及输沙特性规律等方面。

1.2.1.1 水面横比降

当水流由直段进入弯段后,由于惯性离心力的作用而使弯道的径向自由水面从凸岸向凹岸逐渐升高,形成具有一定倾斜角度的横比降,凹、凸两岸的水面高度不同,使得自由水面的平衡状态遭到破坏。

张红武[6]将弯道分为进口直段、弯道段和出口直段进行研究,得到了分段计算水面超高的公式,并推导出水面超高的起始和终止位置。王平义[7]认为弯道中凹岸区水流结构较凸岸区水流结构更复杂,会形成不同的水面横比降,应分别导出弯道凹岸区和凸岸区的水面横比降公式。黄河水利科学研究院开展的浑水动床模型试验结果表明,弯道水面出现的横比降还与水体所含泥沙的浓度有较明显的关系,据此刘焕芳[8]给出了水面横比降在全弯道上的分布公式。武彩萍等[9]认为弯道悬沙水流水面横比降与清水相比略有差异,悬沙水流较清水时弯道水面横比降小,弯道半径越大,差异越小。工程上应用较多的横比降计算公式是罗索夫斯基对数公式[10]和马卡维耶夫基抛物线公式[11]。

1.2.1.2 纵向流速分布

弯道中的环流强度及分布规律与纵向流速分布密切相关,在研究弯道横向环流流速分布时,需先了解水流纵向流速分布,通常是从试验或理论的角度来揭示受弯道环流作用时纵向流速的分布规律。

早在 20 世纪 30 年代,波达波夫[12]根据 $N—S$ 方程,并假设液体沿圆形轨迹运动,导出了沿河宽的流速分布公式,但该公式的前提假设并不成立。1946 年,卡日尼科夫从紊流理论及试验两个方面研究了纵向流速,并假设不存在横向环流,同实际水流运动情况不符。罗索夫斯基[13]从三维水流角度把弯道分成三段来研究弯道水流问题,由于公式的推导过程中未计及能量损失,故只能在较短的距离内使用。1985 年,Thorne[14]等根据 Fall 河观测资料,对凹岸区域纵向流速分布进行了研究,给出了纵向流速在凹岸区域的经验表达式。1986 年,黄河水利委员会水利科学研究所大型河湾模型中的测验结果表明研究弯道纵向均流速的分布尚需考虑弯道的边界条件和来水条件,刘焕芳[8]根据弯道水流运动的边界条件和连续方程式,由雷诺方程沿垂线积分,得到弯道水流垂线平均的纵向运动方程式,该公式在一定程度上考虑自由水面变形和横向水流运动对纵向流速的影响,但仅适用于规则弯道中的水流运动,对断面形状或边界沿程发生变化的情况,公式的适用性就受到限制。王韦、蔡金德[15]于 1989 年对矩形断面的人工弯道水深和流速平面分布进行了理论分析，从谢才公式和水面超高公式入手，建立了弯道内任一点水深和纵向垂线平均流速的计算公式。

1.2.1.3 弯道环流分布

弯道中行进的水流运动特性与顺直河段中的有所不同，特别是强弯河段，岸线曲折变化，地形复杂，水流具有明显的三维特性[16]。通常表层水流的流速较大，而底层流速较小，表层水流的向心加速度大于底层水流的向心加速度，水流在垂直方向存在径向压力梯度。这样，表层水流趋向于向外运动，而底层水流则向内运动，靠近河岸处将形成平衡性垂向流速分量，该流速分量的方向在凸岸为向上，在凹岸为向下，从而在弯道横断面上形成环流。

20 世纪 30 年代波达波夫[17]利用 *N—S* 方程，并借助纵向流速的抛物线分布公式，研究了弯道水流的运动规律。张红武等[18]认为该公式仅适用于层流或瞬时紊流的 *N—S* 方程，不宜导出时均紊流的环流公式。1933 年，马卡维耶夫[9]直接利用雷诺方程导出了轴对称水流条件下的运动方程式，为弯道环流的近似理论解奠定了基础，并于 1940 年利用纵向流速的抛物线分布公式解出了环流计算公式，具有代表性的是 1948 年他利用流速沿垂线分布的椭圆公式导出的公式，但该公式过于复杂，而且推演过程中取紊动动力黏性系数为常数的做法也显粗糙。1950 年，罗辛斯基及库兹明[19]借助指数流速分布公式提出了弯道中纵向流速分布公式。20 世纪 50 年代乌克兰学者罗索夫斯基[13]系统地研究了弯道水流的运动规律，取得了较以前的研究者更为杰出的成就，他撰写了世界上第一部弯道水流的专著，至今仍不失很大的参考价值。1964 年，张定邦[20]用简化了的对数分布公式解得环流流速公式，将环流流速分布由定床向动床过渡。1972 年，Englelund[21]采用了“河底任一点的流速向量应与该点的剪切力方向相同”的不正确假设，针对长的圆形河湾中充分发展的紊流进行分析，使得计算的横向流速值随谢才系数 *C* 的增减而变化过大的缺点。后张红武与吕昕[18]研究表明，当 *C* 较小时，Englelund 公式计算的结果要较实测值偏小。1977 年，Vriend[22]应用摄动法、对数型纵向流速分布式和不可滑动底边界条件，得到弯道环流的通用公式。张红武等[18]于 1984 ~ 1986 年在大小不同的河湾的概化模型上，采用 Prandtl 的处理方式，并利用弯道中纵向流速的实测资料进行分析，得出了比较简便的环流沿水深分布公式，但仅对在近壁区有明显的优势。孙东坡[23]于 1992 年从紊流雷诺方程出发，采用普朗特紊流切应力构架，由因次分析确定掺长，探讨了明渠恒定二元环流的流速分布，导出了环流流速分布公式。

20 世纪后期，随着计算机的发展，不少研究者从数学模型的角度对弯道流动进行了研究，比较有代表性的有：1976 年 De Vriend[24]成功地计算了浅式弱弯曲低雷诺数弯道流。1979 年，M. A. Leschziner 和 W. Rodi[25]成功地计算了 180°强弯曲明渠流动。R. D. Moser 和 P. Moin[26,27]对小曲率低雷诺数的弯槽流动进行直接数值模拟，模拟的结果显示了凹壁和凸壁对紊流统计量和雷诺应力影响上的显著差异。我国学者李义天、谢鉴衡[28]对冲积平原河道平面二维流速分布的数值模拟进行了研究，他们提出的方法可以计算弯道断面不规则的天然河湾水流的流场，较他人有很大的进步。董耀华[29]进行了矩形弯道水流部分抛物线三维数学模型的研究和计算，取得了一定成果，但还不适用于天然河湾的模拟。李治勤等[30]用准二维水流数学模型对桃河部分长连续弯道中急流的运动进行了数值模拟。蒋莉、王少平等[31]利用应用 RNG $k—\varepsilon$ 湍流模式数值模拟 90°弯曲槽道内的湍流流动。

1.2.1.4 弯道泥沙输移特性

弯道中悬移质泥沙运动与弯道环流，环流将表层含沙较小而粒度较细的水体带到凹岸，将底层含沙较多而粒度较粗的水体带向凸岸，形成横向输沙不平衡；而推移质底沙的运动主要与纵、横向近底流速及河床形态（主要是横向底坡）密切相关，从趋势上讲，同弯道螺旋流底部流向一致，因此推移质底沙的运动方向也是由凹岸斜指凸岸。

19 世纪末，J. Thomson[3]、H. Engels[4]等著名学者在试验中发现，凹岸的模型沙都存在异岸转移。而后众多学者的研究表明，只有在弯曲半径很小且弯角较大的陡弯上，横向环流强、底部螺旋流的旋度大的情况下，才存在异岸转移现象。张瑞瑾、谢葆玲[32]的弯道水槽试验表明，同岸输移的规模一般超过异岸输移的规模，异岸输移的规模随流量的增加而减小。1975 年，Hooke[33]对弯道输沙率和剪切力分布进行了试验，认为虽然横向环流对弯道剪切力的分布有一定影响，并使得冲刷能力较强的表层水流沿凹岸折向河底，但对于凸岸边滩的形成起决定作用的不是横向环流，而是泥沙运动的横向和纵向分布。1984 年，Parker[34]在 Kikkawa 等提出的计算推移质输沙率方法的基础上，提出了关于推移质横向输移的通用方程，研究中考虑了床面横比降、环流的影响。1992 年，Li Ligeng 和 Schiara[35]对河湾蠕动速率问题进行了研究，指出河流蠕动流速与凹岸区域单宽推移质输沙率和河湾的曲线长度有关。

近期对于弯道泥沙输移特性的研究已经由以前的单一模型试验发展到今天的数值模拟或模型试验与数值模拟相结合的阶段。芮德繁[36]基于多种模式的三维紊流模型进行了分析比较，对连续弯道的水沙输移及河床冲淤特性进行研究。方春明[37]通过求解立面二维弯道环流运动的方法，在平面二维水流泥沙数学模型中考虑弯道环流的作用。钟德钰、张红武[38]考虑弯道环流输沙效应对平面二维水沙数学模型的悬移质、推移质输沙方程和河床变形过程进行了扩展，经扩展后的平面二维水沙数学模型能模拟环流横向输沙及由其引起的河床冲淤和河岸变形。

1.2.2 弯道水沙的基本特性

1.2.2.1 弯道水流的基本特性

弯曲河道的床面和岸壁组成了弯道水流的外边界。由于边界条件的不同，弯道中行进的水流运动特性也与顺直河段中的不同，特别是强弯河段，岸线曲折变化，地形复杂，水流具有明显的三维特性[16]。仅就弯道水流而言具有以下几方面特性：

第一，当水流由直段进入弯段后，惯性离心力的作用使弯道的径向自由水面从凸岸向凹岸逐渐升高，形成具有一定倾斜角度的横比降，出现水面超高。

第二，弯道中，表层水流的流速较大，而底层流速较小，因表层水流的向心加速度大于底层水流的向心加速度，水流存在着径向的压力梯度。因此，表层水流趋于向外运动，而底层水流则趋于向内运动，靠近河岸处将形成平衡性垂向流速分量，该流速分量的方向在凸岸为向上，在凹岸为向下，从而形成对弯道河床断面产生很大影响的螺旋流。

第三，弯道中床面附近水流切应力的分布与顺直河段中有所不同，尤其是在次生环流发展较强时。最大剪切力区在弯道进口段靠近凸岸,至弯道中段开始向凹岸过渡,低剪切力区位于弯道上段的凹岸、弯道下段的凸岸边滩附近。

第四,弯道中水流紊动结构复杂。进入弯段后,其紊动强度要较入弯前自然状态时有所增大,从而会引起水流能量损失的较大增加。

1. 水面横比降

当水流由直段进入弯道后,由于离心力的存在,自由水面的平衡状态遭到破坏。由试验[18]可知,进入弯段后水面即有从凸岸向凹岸倾斜的横比降 J_r 出现(通过凸岸水位降低来实现),最大横比降发生在弯顶以下,继而逐渐减小(通过凸岸水位回升及凹岸水位下落来实现),但直至弯段出口处仍有一定数值,出弯段后迅速消失。

以二元恒定环流为例,在弯道水流中取距离曲率中心为 r 处的单位底面积、高为 H 的微小水体,分析其横向受力,包括离心力 F 、内侧水压力 P_1 、外侧水压力 P_2 、河底横向阻力 Γ,见图 1-1。

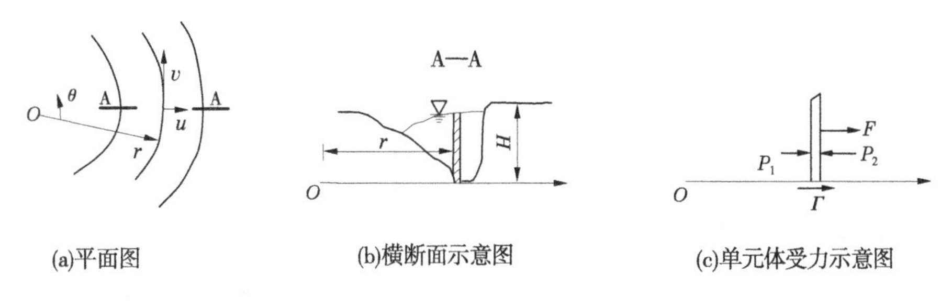

(a)平面图 (b)横断面示意图 (c)单元体受力示意图

图 1-1 弯道水流示意图

规定水流纵向为 $\vec{\theta}$ 方向,横向为 $\vec{r}$ 方向,u 、v 分别为 $\vec{\theta}$ 、$\vec{r}$ 方向流速,U 、V 分别为 $\vec{\theta}$、$\vec{r}$ 方向垂线平均流速。

按照达朗贝尔原理列出平衡式,若忽略河底横向阻力 Γ 可得到一般惯用的弯道水面横比降近似计算式,即

$$J_r = a_0 \frac{u^2}{gr} \tag{1-1}$$

式中: a_0 为流速分布系数,可依纵向流速分布公式求得。

从天然弯曲型河流的观测结果看,理论计算和室内试验测量的结果基本上是一致的,但由于天然弯道不是一个简单的圆弧,河岸参差不齐,河床形态差异很大,情况自然要比水槽试验的结果复杂得多。

应该说明的是,采用上述横比降公式计算出的 J_r 为环流充分发展的部位的值,也即横比降的最大值,而对于环流的发展与消退阶段,横比降则是沿程发生变化的。根据张红武、吕昕[18]试验研究结果,全弯段的横比降应表示为

$$J_{r全} = f\left(\frac{\theta}{\varphi_0}\right) J_r \tag{1-2}$$

式中: φ_0 为河湾转角; θ 为所在断面与进口断面的夹角; $f\left(\frac{\theta}{\varphi_0}\right)$ 可表示为

$$f\left(\frac{\theta}{\varphi_0}\right) = a_1\left(\frac{\theta}{\varphi_0}\right)^2 + b_1\left(\frac{\theta}{\varphi_0}\right) + c_1 \tag{1-3}$$

式中：a_1、b_1、c_1 为系数，需由实测资料确定。

若对式(1-2)沿河宽进行积分，则可求两岸的水面高差 Δz_0，通常称之为超高（r_1、r_2 分别为凸岸和凹岸曲率半径）：

$$\Delta z_0 = \int_{r_1}^{r_2} J_{r全}\mathrm{d}r \tag{1-4}$$

实际上，常见河湾的曲率半径 r_0 多为河宽 B 的 2～4 倍以上，纵向流速沿河宽的分布变化对超高的影响并不明显。可采取另一种更简便的做法，采用弯段水流轴线的曲率半径 r_0 及断面平均流速 $\overline{U}$ 来表示：

$$\Delta z_0 = a_0\frac{\overline{U}^2}{gr_0}(r_2 - r_1) \tag{1-5}$$

2. 弯道水流结构影响因素

在不考虑泥沙方面因素的前提下影响弯道环流的因素可分为三类[7]：一是与河道形态有关；二是与水流条件有关；三是与水流特性有关。

1）河道形态参数

这些参数包括横断面参数以及描述弯道特征的参数。它们是水深 H、河宽 B、岸坡坡度 α、弯道中心轴线半径 r_0、弯道中心角 φ_0、粗糙度 C 和河道纵向坡度 i_b。一般说来，环流强度与弯曲半径成反比，与水深成正比，因此常把相对水深 H/r_0 作为影响环流的一个主要因素。

2）水流参数

水流参数包括水流流速（u,v）在任一点的大小和方向、压力 P 分布、进口处的水流条件，紊动特征参数 γ_t 也包括在内。

3）水流特性参数

弯曲河道中两个重要的特征参数是水流动力黏性系数 μ 和密度 ρ。

3. 纵向流速分布

弯道流速分布受过水断面形状及其纵向变化、边壁粗糙程度、因弯道离心力而中泓偏离等因素的影响，而呈现复杂的三维流动。应当承认，全面考虑各种影响因素，对全断面的流速分布用一个通用公式加以描述是极其困难的，因此多限于讨论恒定、均匀、二维时均流中的分布问题。

常用的主流流速的垂线分布有对数型流速分布、抛物线型流速分布、指数型流速分布、椭圆曲线型流速分布等，见表 1-1。

但是，对于具有次生流的弯道流动来说，还需考虑横向环流对纵向流速分布的影响，也就是弯道水流流速再分布问题。实测资料以及试验数据表明，在弯道的凸岸区、弯道进口区及弯道出口区纵向流速基本服从以上所提到的几种典型分布，但在凹岸区流速沿垂线具有“凸肚”的特性即最大流速位于水面以下，见图 1-2。

表 1-1　几种典型主流流速分布公式

公式名称	公式	备注
对数型流速分布	$\frac{u_{max}-u}{u_*}=\frac{1}{\kappa}\ln\frac{H}{z}$	此公式应用最为广泛，u_{max}、u、u_* 分别为水面处最大流速、z 处流速及摩阻流速，κ 为卡门常数
指数型流速分布	$\frac{u}{u_{max}}=\left(\frac{z}{H}\right)^m$ 或 $\frac{u}{U}=(1+m)\left(\frac{z}{H}\right)^m$	此结构简单，出现较早，高含沙量较对数流速精度高，u_{max}、u、U 分别为水面处最大流速、z 处流速及垂向平均速度，m 为指数
抛物线型流速分布	$u=u_{max}-m\sqrt{HJ}\left(1-\frac{z}{H}\right)^2$	u_{max}、u 分别为水面处最大流速、z 处流速，m 为经验数，取 22 ~ 24
椭圆曲线型流速分布	$u=u_{max}\sqrt{1-P\left(1-\frac{z}{H}\right)^2}$	$P=MU/Cu_{max}^2$，U 为垂向平均速度，M 为与谢才系数有关的常数，u_{max} 为水面处最大流速

弯道凹岸处的流速可采用 Thorne 和 Rains[14] 通过实测资料给出以下表达式：

$$\frac{u}{U}=11z_m^{-0.75}\left[z_m^2-\left(\frac{z}{H}-z_m\right)^2\right]\left(\frac{r}{r_0}\right)^{-m} \tag{1-6}$$

这里

$$m=1\,500\left(\frac{r_0}{B}\right)^{-0.1}\left(\frac{\overline{H}}{B}\right)^{0.3}(Re)^{-0.3} \tag{1-7}$$

式中：z_m 为流速最大处的相对水深；r_0 为弯道中心线半径；B 为水流宽度；$\overline{H}$ 为断面平均水深；Re 为水流雷诺数。

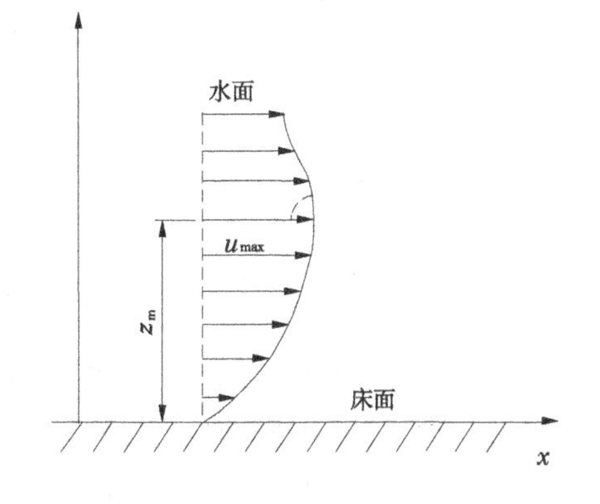

图 1-2　凹岸区纵向流速分布图

4. 横向流速分布

对于弯道，通常人们更关心的是横向环流分布。河流中的横向输沙主要是由有关的环流造成的，它会影响到一个河段的动态冲淤，如果只看到纵向主流的作用，而忽视了环流的作用，要想全面了解一个河段的冲淤特性是不可能的。一般来说，对于确定的河道及水深（R、B、H 一定），主流的垂线分布直接影响了横向环流的强度及分布形式。

迄今为止，国内外已借助紊流半经验理论和纵向流速垂线分布的假定，引入相应的边界条件、连续条件及假定，提出了许多关于稳定、充分发展的弯道环流流速分布的理论计算公式，如波达波夫[17]、马卡维耶夫[9]、罗辛斯基及库兹明[19]、罗索夫斯基[8]、Engle-lund[20]、Odgaard[39]、Vriend[40] 和张红武[18] 等，见表 1-2。

表 1-2 几种典型环流流速分布公式

研究者	公式形式
波达波夫	$v = \frac{mu_{\max}^2 H^2}{6\nu_t r}\left[-\frac{m}{5}(1-\eta)^6+(1-\eta)^4-2\left(1-\frac{3}{10}m\right)(1-\eta)^2+\frac{7}{15}-\frac{6}{35}m\right]$ 式中，$\eta = z/H$，表示相对水深；ν_t 为运动黏滞系数
马卡维耶夫	$v = \frac{mC}{6g}\frac{u_{\max}H}{r}\left\{(1-3\eta^2)+\frac{1}{20}P(1-5\eta^4)+\frac{5}{162}P^2(1-7\eta^6)-\frac{1}{96}P^3(1-9\eta^3)-3\frac{N_1}{N_2}\left[\frac{1}{3}(1-3\eta^2)+\frac{1}{20}P(1-5\eta^4)+\frac{1}{56}P^2(1-7\eta^6)\right]\right\}$ 公式基于椭圆型纵向流速垂线分布；式中，$p = MU^2/Cu_{\max}^2$， $\frac{N_1}{N_2} = \frac{1+\frac{1}{10}P+\frac{5}{56}P^2-\frac{5}{24}P^3+3\times\frac{1-P}{P}\left(1+\frac{1}{6}P+\frac{5}{24}P^2-\frac{1}{8}P^3\right)}{1+\frac{3}{10}P+\frac{9}{56}P^2+3\times\frac{1-P}{P}\left(1+\frac{1}{2}P+\frac{3}{8}P^2\right)}$
罗辛斯基及库兹明	$v = 1.53\times\frac{C^2H}{gr}U(\eta^{0.30}-0.8)\eta^{0.15}$ 公式借助于纵向指数流速分布
罗索夫斯基	$v = \frac{1}{k^2}U\frac{H}{r}\left[F_1(\eta)-\frac{\sqrt{g}}{kC}F_2(\eta)\right]$ 公式基于纵向流速对数分布，式中 $F_1(\eta)$ 和 $F_2(\eta)$ 可由经验图查得
EngLelund	$v = \frac{u_0H}{r}f(\eta)$ 公式基于纵向流速抛物线分布；u_0 为参考流速，以中心水面流速为标准
Vriend	$u = U\left[1+\frac{\sqrt{g}}{kC}+\frac{\sqrt{g}}{kC}\ln\eta\right] = Uf_m(\eta)$ $v = Vf_m(\eta)+\frac{U}{k^2r}\left[2F_1(\eta)+\frac{\sqrt{g}}{kC}F_2(\eta)-2\left(1-\frac{\sqrt{g}}{kC}\right)f_m(\eta)\right]$ 公式基于规则断面宽浅弯道在低雷诺数时的情形，在柱坐标系下进行方程系进行无量纲化求其解析解；式中，$f_m(\eta) = 1+\frac{\sqrt{g}}{kC}+\frac{\sqrt{g}}{kC}\ln\eta$，$F_1(\eta) = \int_0^1\frac{\ln\eta}{\eta-1}d\eta$，$F_2(\eta) = \int_0^1\frac{\ln^2\eta}{\eta-1}d\eta$
张红武	$v = 86.7\frac{UH}{r}\left[\left(1+5.75\frac{g}{C^2}\right)\eta^{1.875}-0.88\eta^{2.14}+\left(0.034-12.5\frac{g}{C^2}\right)\eta^{0.857}+4.72\frac{g}{C^2}-0.88\right]$ 假定纵向流速垂向按指数分布

表 1-2 中公式大多是在假定纵向流速服从某一垂线分布的前提下，求得的环流充分发展时的情形。若需详细了解弯道纵向主流与横向环流相互影响而形成的弯道流速再分布，还需进行试验或数学模型来具体研究。

5. 弯道河床剪切力分布

弯道河床剪切力分布对弯道中水流调整起到一定的积极作用，另外弯道水流通过河床切应力影响完成了对河床的塑造。因此,研究弯道底部切应力分布,对于了解弯道水流结构及预测河道发展趋势显得尤为关键。1979 年,J. C. Bathurst[41]分析了几个天然弯道,将实测流速分布曲线外延至河底,以近似计算其局部应力,得出结论:最大剪切力由进口时在凸岸随主流逐渐向凹岸过渡,但略微滞后于主流;弯道曲率及中心角大小、宽深比、雷诺数均影响剪切力的数值。Bathurst 还认为,在小流量时,主流和环流流速很弱,然而剪切力可能很大;在中等流量下,也可能是这种情况;但是在大流量时,主流流速的强度比环流流速中的强度增大得更明显,所以最大剪切力与最大流速的"核心"相一致。

弯道切应力的均匀性是根据次生环流强度和雷诺数决定的。一般情况下,当雷诺数增加时,切应力分布变得更均匀;在小流量和大流量下,当环流的影响很小时,弯道剪切力分布的均匀性可与直河段相比;在中等流量下,当次生环流最强时,弯道剪切力分布比直河段更不均匀。

因此,弯道切应力可分环流充分发展和环流未充分发展分别研究,所谓环流充分发展是指水流进入弯道一段距离,已经达到稳定。通常将底部切应力 τ 分解为纵向底部切应力 τ_θ 及横向底部切应力 τ_r 加以研究。

1)环流充分发展时底部切应力

该情形下,纵向切应力可采用近似采用顺直河道表达式,横向切应力可采用Jansen[42]的计算公式。

纵向切应力:
$$\tau_\theta = \gamma H J_\theta = \rho g \frac{U^2}{C^2} \tag{1-8}$$

横向切应力:
$$\tau_r = -\rho H \frac{U^2}{r}\left[2\left(\frac{\sqrt{g}}{kC}\right)^2 - 2\left(\frac{\sqrt{g}}{kC}\right)^3\right] \tag{1-9}$$

另外,Zimmerman 和 Kennedy[43]以及 Falcon-Ascanio[44]等采用力矩法,利用切向流速的幂律分布,亦导出横向切应力公式如下:

$$\tau_r = \frac{1+m}{(2+m)m}\rho \frac{H}{r}U^2 \tag{1-10}$$

式中:$m = \kappa\left(\frac{8}{f}\right)^{1/2}$ 是指数的倒数,与摩阻系数和卡门常数 κ 有关。

2)环流未充分发展时底部切应力

环流未充分发展时的床面切应力可参考王平义[7]的研究方法,首先定义环流发展强度参数 C_r 为环流强度与其极限值的比值(其值为 0 ~ 1),表达式为

$$C_r = \frac{v_{rc0}}{V_{\theta c}}\frac{F_2 r}{F_1} \tag{1-11}$$

式中:v_{rc0} 为弯道中心线表面环流流速;$V_{\theta c}$ 为弯道中心线纵向垂线平均流速;F_1 为与阻力因素 C 有关的参数,$F_1 = \frac{20\sqrt{g}}{3C}\left(1 - \frac{\sqrt{g}}{3kC}\right)$;$F_2$ 为与阻力因素 C 及水深 H 有关的参数,

$F_2 = \dfrac{20k\sqrt{g}}{3CH\left(1 + \frac{\sqrt{H}}{kC}\right)}$。

据此，王平义给出的切应力公式如下：

$$\tau_{\theta} = \rho g H\left(J_{\theta} - \frac{\alpha_0}{2}\frac{U^2}{gH}\frac{\partial H}{r\partial\theta}\right) \tag{1-12}$$

$$\tau_r = \frac{\rho H U^2}{r}[\alpha_0 - F_1(1 - C_r)] - \gamma H J_r \tag{1-13}$$

式中：$\alpha_0 = 1 + \frac{g}{k^2C^2}$，为流速修正系数。

式(1-12)表明，当环流未充分发展时，水能比降 J_θ 并未全部用来克服床面阻力 τ_θ，而是将一部分能量 $\frac{\rho\alpha_0}{2}U^2\frac{\partial H}{r\partial\theta}$ 消耗于克服主要因水深变化而增加的阻力。当环流充分发展时认为变量与 θ 无关，即 $\frac{\partial H}{\partial\theta} = 0$，式(1-12)变为顺直情形；在弯道中高切应力区的位置是变化的，变化的原因是在进口段纵向流速 U 的高速区由凸岸向凹岸转移，在弯顶以上忽略特殊地形原因靠近凸岸的 $\frac{\partial H}{r\partial\theta} < 0$，凹岸的 $\frac{\partial H}{r\partial\theta} > 0$；而在弯顶以下正好相反，从而导致切应力 τ_θ 的峰值区由凸岸转移到弯道出口附近的凹岸一侧，与以往研究结果一致，并基本符合于流速分布。

1.2.2.2 弯道泥沙基本特性

河道输沙特性与水流特性直接相关，弯道横向环流的存在决定了弯道中不但存在纵向流速引起的沿程纵向输沙，还应包括横向输沙问题。

1. 弯道中悬移质

弯道中的悬沙横向输移主要与环流强度和含沙量垂线分布有关，通常表层水流指向凹岸、底部流速指向凸岸，含沙量上稀下浓，故总的横向悬沙输移是不平衡的，净输沙量总是朝向环流下部所指的方向。关于其输沙特性，张红武等[18]曾给予论述，悬移质运动与螺旋流的关系也是非常密切的，螺旋流将表层含沙较小而粒度较细的水体带到凹岸，并折向河底攫取泥沙，而将下层含沙较多而粒度较粗的水体带向凸岸边滩，形成横向输沙不平衡，见图1-3。

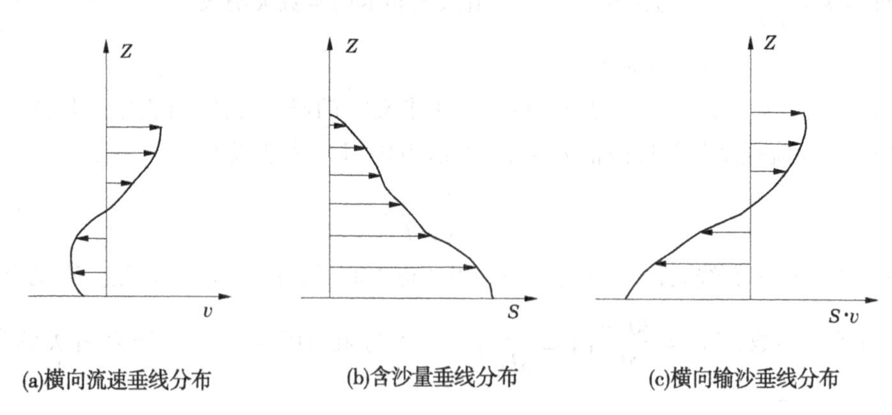

图1-3　弯道横向输沙示意图

横向输沙的不平衡，将使含沙较多的水体和较粗的泥沙集中靠近凸岸，该处含沙量沿水深分布更不均匀；而凹岸附近含沙较少且泥沙较细，含沙分布也较为均匀。

弯道中的含沙量垂线分布需要考虑横向环流的影响，对此许建林、曹叔尤[51]曾提出弯道悬移质浓度分布公式，公式较为复杂，且仅适用于环流充分发展处的情形。工程上可参考顺直河道的垂线分布公式，如奥布莱恩－劳斯[52]含沙量垂线分布公式、张瑞瑾[53]含沙量垂线分布公式等。

奥布莱恩－劳斯含沙量垂线分布公式：

$$\frac{s}{s_a} = \left(\frac{\frac{H}{z} - 1}{\frac{H}{a} - 1}\right)^{\frac{\omega}{kU_*}} \tag{1-14}$$

张瑞瑾公式含沙量垂线分布公式：

$$\frac{s}{s_a} = e^{\frac{\omega}{kU_*}[f(\eta) - f(\eta_a)]} \tag{1-15}$$

弯道环流横向输沙和横向挟沙力的分析计算，对于研究河湾平面变形规律具有重要意义。江恩惠、张红武[54]根据垂线上环流流速 0 点分为上下两部分，给出单位水流宽度的横向输沙计算公式如下：

$$G_{r上} = \frac{75.86UH}{N_0 r} S \int_{0.5}^{1} f(\eta) \exp\left(0.093\ 1 \frac{\omega}{kU_*} \arctan\sqrt{\frac{1}{\eta} - 1}\right) d\eta \tag{1-16}$$

$$G_{r下} = \frac{75.86UH}{N_0 r} S \int_{0}^{0.5} f(\eta) \exp\left(0.093\ 1 \frac{\omega}{kU_*} \arctan\sqrt{\frac{1}{\eta} - 1}\right) d\eta \tag{1-17}$$

式中：

$$f(\eta) = \left(1 + 5.75\frac{g}{C^2}\right)\eta^{1.875} - 0.88\eta^{2.14} + \left(0.034 + 12.5\frac{g}{C^2}\right)\eta^{0.857} + 4.72\frac{g}{C^2} - 0.88$$

对于存在环流的弯道，横向流速上、下方向相反，因此由水深平均流速得出水流挟沙力也需进行修订。对此，丁君松[55]首次提出了弯道横向挟沙力的概念。

若按平衡输沙考虑，将横向输沙量除以横向水流量，即可得横向挟沙力：

$$s_{r上}^* = \frac{75.86UH}{N_0 r} s \frac{\int_{0.5}^{1} f(\eta) \exp\left(0.093\ 1 \frac{\omega}{kU_*} \arctan\sqrt{\frac{1}{\eta} - 1}\right) d\eta}{\int_{0.5}^{1} f(\eta) d\eta} \tag{1-18}$$

$$s_{r下}^* = \frac{75.86UH}{N_0 r} s \frac{\int_{0}^{0.5} f(\eta) \exp\left(0.093\ 1 \frac{\omega}{kU_*} \arctan\sqrt{\frac{1}{\eta} - 1}\right) d\eta}{\int_{0}^{0.5} f(\eta) d\eta} \tag{1-19}$$

2. 弯道中推移质

对于作为推移质运动的底沙，主要与纵、横向近底流速及河床形态（主要是横向底坡）密切相关，从趋势上讲，同弯道螺旋流底部流向一致，其运动方向也是由凹岸斜指凸岸。

1)弯道中推移质的输移特性

关于弯道中推移质运动问题,存在一些不同的观点。一些研究者认为河湾的发展完全取决于弯道内泥沙输移,即在同一弯道内,泥沙由凹岸向凸岸转移,即所谓的"异岸输移";另一些研究者认为凹岸冲刷的泥沙,几乎全部淤在下一河湾的凸岸,而只有少量泥沙横跨河床淤在同一河湾的凸岸,即所谓的"同岸输移"。后来众多学者研究表明,只有在弯曲半径很小且弯角较大的陡弯上,横向环流强,底部螺旋流的旋度大,一部分离开凹岸上段的底沙,才能推移到对面的凸岸上[18]。

张瑞瑾等[32]在单个弯道水槽试验中,在不同部位铺上各种颜色的天然沙,放水试验前后,各种色沙的分布见图1-4。

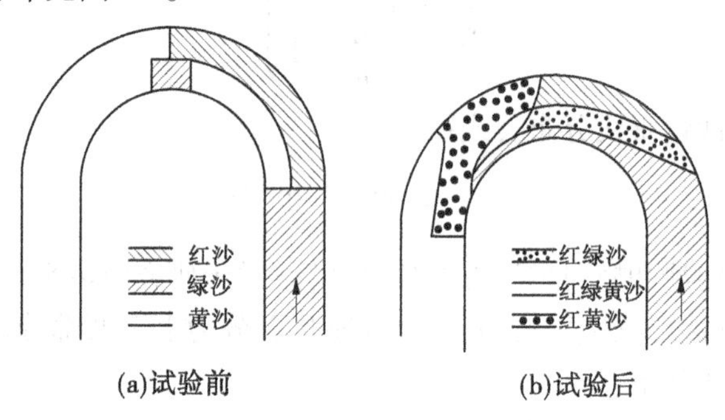

图1-4 弯道不同部位的色沙在运动后的分布情况

图1-5为曾庆华[45]在单一弯道矩形断面概化模型泥沙试验研究成果。

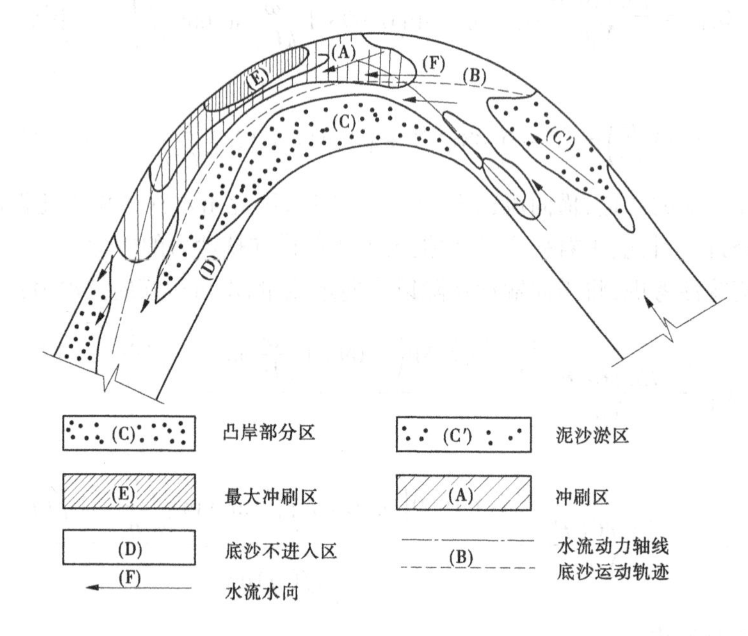

图1-5 典型弯道泥沙运动特性

从图中可知,在环流的作用下,进入弯道后的泥沙向凸岸部分(C)区集中,这里水面纵比降小、流速小,形成底沙的大量淤积,淤积形式呈镰刀形,镰刀形边滩的下游内侧存在一个底沙不进入区(D);(C′)是凸岸沙嘴的边缘,这里大部分泥沙是过境的,但也有淤积,当凸岸边滩形成以后,来自上游的泥沙就沿着这一边缘运动,边滩不断扩展,动力轴线就不断外延,水流动力轴线退近凹岸,在弯顶以下形成最大的冲刷区;弯道出口以下的水面纵比降很大,相应的流速仍然较大,但因有来自上游凹岸冲刷下来的泥沙及来自(C′)区过境泥沙的补给,这里将会出现淤积。

2)弯道床沙粒径分布及推移质分选

弯道床沙粒径分布是水流对床面泥沙搬运、挑选的结果,一定程度上反映了弯道水流流速分布、输沙分布及床面切应力分布的特性。通常,河湾冲刷后的床沙粗度分布状况与水流流速大小的分布基本对应,即流速较大的地方床沙也就较粗,流速滞缓的地方床沙也就越细。Allen[46]、Bridge[47]、Engelund、Odgaard[48]、Parker[49]等都分别对此做过研究。黄本胜和蔡金德等[50]通过试验与分析得出如下的结论:

连续弯道推移质泥沙输移在横断面分布上极不均匀,其中存在一条主输移沙带,在连续弯曲河流的弯道进口断面分选及沙带均不明显;泥沙沿横断面分选,明显有三条沙带,颗粒最细的沙带紧靠凸岸边缘,沙带宽度很小,运动速度极慢,然后是运动速度最快的粗沙带,细沙带运动速度次之,位于弯道中心线附近偏凹岸;主输移沙带位于凸岸边滩一侧。

3)弯道推移质输沙率

弯道中的纵向推移质输沙率基本等同于顺直河道,可近似采用梅叶-彼得公式:

$$g_{b\theta}^{*} = \frac{\left[\left(\frac{n'}{n}\right)^{3/2}\gamma HJ_{\theta} - 0.047(\gamma_{s} - \gamma)d\right]^{3/2}}{0.125\rho^{1/2}\left(\frac{\rho_{s} - \rho}{\rho}\right)g} \tag{1-20}$$

式中:n 为曼宁糙率系数;n'为河床平整情况下的沙粒曼宁系数,$n' = d_{90}^{1/6}/26$。

由室内试验可以看出,弯道中横向环流可把推移质沙粒由凹岸移至凸岸。这种横向输沙会影响到边滩形成、床沙级配及河岸侵蚀。Parker[49]在 Kikkawa 提出方法的基础上,提出了一个关于推移质横向输沙率 g_{br}^{*} 的通用方程:

$$\frac{g_{br}^{*}}{g_{b\theta}^{*}} = \tan\delta + \frac{1 + (C_{L}/C_{D})\tan\varphi}{\tan\varphi}\left(\frac{\tau_{*c}}{\tau_{*}}\right)^{1/2}\tan\beta \tag{1-21}$$

式中:$g_{b\theta}^{*}$ 为纵向推移质输沙率;C_{L} 为上举力系数;C_{D} 为拖曳力系数;β 为当地床面横向坡度;φ 为泥沙休止角;δ 为河底流向与纵向流向的夹角。

1.3 河流水沙数学模型

随着计算科学的发展,河流水沙数学模型取得了长足的发展,已逐渐成为研究河流水沙特性的一种重要研究手段。单就水流模型而言,一维、二维水流模型发展较为成熟,三维湍流模型相对滞后;而对泥沙模型而言,由于泥沙问题本身的复杂性,泥沙基本理论还不够成熟,许多问题仍难以突破,制约了泥沙数学模型的发展。本节结合本章研究重点,对三维湍流模型及泥沙数学模型的关键问题予以论述。

1.3.1 水流数学模型

1.3.1.1 湍流基本方程

Navier - Stokes 基于流体连续不可压缩、黏性扩散与流速的梯度成比例、各向同性等假定，当水流密度和黏性运动系数为常数时，推导得出三维水流运动方程：

$$\frac{\mathrm{d}u_i}{\mathrm{d}t} = -\frac{1}{\rho}\frac{\partial p}{\partial x_i} + \upsilon\frac{\partial^2 u_i}{\partial x_i \partial x_j} \quad (i,j = 1,2,3) \tag{1-22}$$

连续方程为

$$\frac{\partial u_i}{\partial x_i} = 0 \quad (i = 1,2,3) \tag{1-23}$$

由于湍流本身的复杂性，至今仍有一些基本问题尚未解决。

1.3.1.2 湍流的数值模拟方法

总体而言，目前的湍流数值模拟方法可以分为直接数值模拟方法和非直接数值模拟方法。所谓直接数值模拟方法，是指直接求解瞬时湍流控制方程式(1-22)、式(1-23)；而非直接数值模拟方法就是不直接计算湍流的脉动特性，而是设法对湍流做某种程度的近似和简化处理，如时均性质的雷诺方程就是其中一种典型的做法。依据所采用的不同近似和简化方法，非直接数值模拟方法分为大涡模拟、统计平均法和雷诺平均法。图 1-6 为湍流数值模拟方法的分类图。

1.3.1.3 直接数值模拟方法

直接数值模拟(Direct Numerical Simulation)方法就是直接用瞬时的 $N—S$ 方程式(1-22)、式(1-23)对湍流进行计算。DNS 的最大好处是无须对湍流流动作任何简化或近似，理论上可以得到相对准确的计算结果[56,57]。

但是试验测试表明[58]，在一个 0.1 m×0.1 m 大小的流动区域内，在高雷诺数的湍流中包含尺度为 10 ~100 μm 的涡，要描述所有尺度的涡，则计算网格节点数将高达 10^9 ~ 10^{12}。同时，湍流脉动的频率约为 10 kHz，因此必须将时间的离散步长取为 100 μs 以下。在如此微小的空间和时间步长下，才能分辨出湍流中详细的空间结构及变化剧烈的时间特性。对于这样的计算要求，现有的计算机能力还是比较困难的。DNS 对于内存空间及极算速度的要求非常高，目前还无法用于真正意义上的工程计算，但大量探索性的工作正在进行之中[59,60]。

1.3.1.4 大涡模拟方法

为了模拟湍流运动，一方面要求计算区域的尺寸应大到足以包含湍流运动中出现的最大涡，另一方面要求计算网格的尺寸应小到足以分辨最小涡的运动。然而，就目前的计算能力来讲，能够采用的计算网格的最小尺度仍比最小涡的尺度大许多。因此，目前只能放弃对全尺度范围上涡的运动模拟，而只将比网格尺度大的湍流运动通过 $N—S$ 方程直接计算出来，对于小尺度的涡对大尺度运动的影响则通过建立模型来模拟，从而形成了目前的大涡模拟方法(Large Eddy Simulation，简称 LES)[61]。

LES 方法的基本思想可以概括为：用瞬时的 $N—S$ 方程直接模拟大尺度涡，不直接模拟小尺度涡，而小涡对大涡的影响通过近似的模型来考虑。

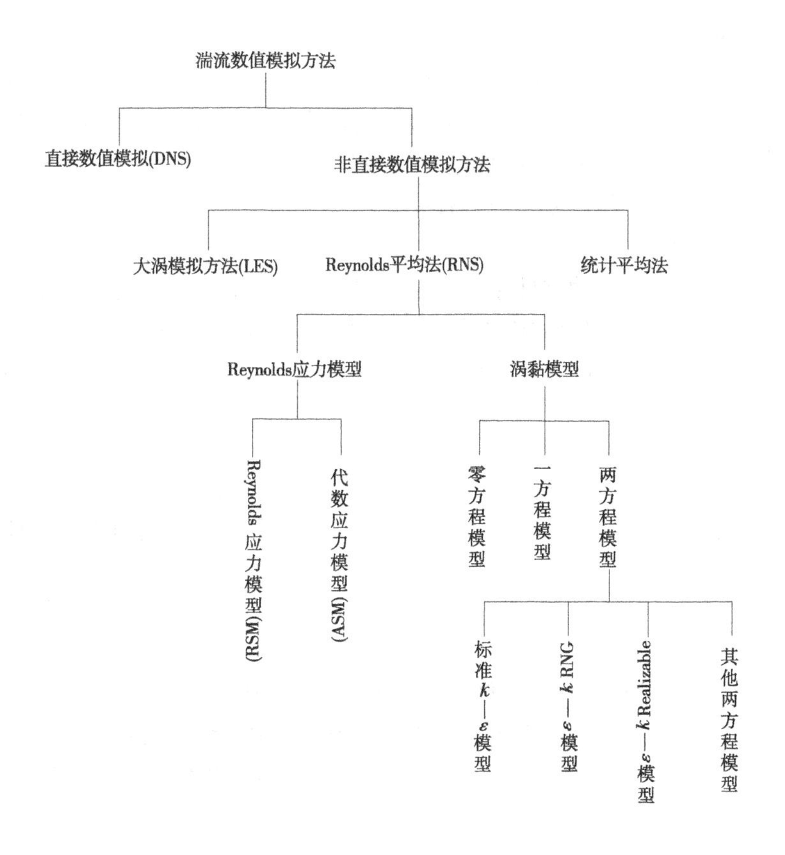

图 1-6　三维湍流数值模拟方法及相应湍流模型

1.3.1.5　湍流时均法

湍流速度和压强随时间和空间做随机变化是一随机量。1886 年，Reynolds 建议，湍流的物理量（质量力除外）用平均值和脉动值的和来表示，将湍流场看成是平均运动场和脉动运动场的叠加。得雷诺时均方程为

$$\left.\begin{aligned}&\frac{\partial \bar{u}_i}{\partial t}+\bar{u}_j\frac{\partial \bar{u}_i}{\partial x_j}=f_i-\frac{1}{\rho}\frac{\partial \bar{p}}{\partial x_i}-\frac{\partial}{\partial x_j}(\overline{u_i'u_j'})+v\,\nabla^2\bar{u}_i\\&\frac{\partial \bar{u}_j}{\partial x_j}=0\end{aligned}\right\}\tag{1-24}$$

式(1-24)为紊流时均流动的运动微分方程，是雷诺 1895 年导出的，通常称为雷诺方程。与 N—S 方程比较，雷诺方程多出了脉动关联项 $\overline{u_i'u_j'}$，要使方程组封闭，必须把湍流的脉动值和时均值联系起来。由于没有特定的物理定律可以用来建立湍流模型，所以目前的湍流模型只能以大量的试验观测数据为基础。

根据对雷诺应力作出的不同假定或处理方式，目前的湍流模型有两大类：雷诺应力模型和涡黏模型。前一种方法所需工作量较大，用于实际工程计算有一定困难，而后一种方法目前在国内外研究比较多。在紊动黏性系数法中，把紊流应力表示成紊动黏性系数的函数。

1. 雷诺应力模型

在雷诺应力模型中，直接构建表示雷诺应力的方程，然后与雷诺时均方程联立求解。通常情况下，雷诺应力方程是微分形式的，称为雷诺应力方程模型。若将雷诺应力方程的微分形式简化为代数方程的形式，则称这种模型为代数应力方程模型。这样雷诺应力模型包括雷诺应力方程模型和代数应力方程模型。

2. 涡黏模型

在把紊流应力表示成紊动黏性系数的函数过程中，紊流模型就是指把紊流的脉动附加值与时均值联系起来的一些特定关系。按照 Boussinesq 假设，紊流所造成的附加应力也与层流运动应力那样可以同时均的应变率联系起来，从而紊流脉动所造成的应力形式如下：

$$-\rho \overline{u'_i u'_j} = -\frac{2}{3}K\delta_{ij} + \mu_t\left(\frac{\partial \overline{u_i}}{\partial x_j} + \frac{\partial \overline{u_j}}{\partial x_i}\right) \tag{1-25}$$

式中：μ_t 称为紊动黏滞系数，它是空间坐标的函数，取决于流动状态而不是流体的物理特性；K 为单位质量流体紊动脉动动能，$K = \frac{1}{2}\overline{u'_i}^2$；$\delta_{ij}$ 为二阶单位张量，$i = j$ 时取 1，$i \neq j$ 时取 0。

目前，紊流基本理论和计算技术都有了较大的发展，但是目前还没有一种普遍接受的精确方法来描述紊流现象。目前提出的各种紊流理论只限于半经验的阶段，根据附加条件或方程数目的不同，解决紊流流动黏性系数问题常用的模型有零方程模型，一方程模型和 k—ε 双方程模型。

1）零方程模型紊流模型

在河流模拟中用的较多的是零方程模型，所谓零方程模型是指不需要微分方程而使用代数关系把紊动黏性系数与紊动时均值联系起来的模型。

零方程紊流模型是基于混合长理论，类比层流黏滞性系数 μ，定义 $\mu_t = \eta/\rho$ 为紊动运动黏滞性系数。将紊动附加应力与时均流速联系起来，使雷诺方程组封闭，为解决紊流问题开辟了一条很好的途径。

2）一方程模型紊流模型

在混合长度理论中，μ_t 仅与几何位置与时均速度场有关，而与紊流的特性参数无关。由于混合长度的局限性，可以想到紊流黏性系数应该与紊流本身的特性量有关，由于紊动动能 K 是三个方向上紊流脉动强度最直接的度量，Prandtl 等又各自独立提出计算 μ_t 的表达式：

$$\mu_t = C'_\mu \rho K^{\frac{1}{2}} l \tag{1-26}$$

其中，C'_μ 为经验系数；l 为紊流脉动长度标尺，一般地它不等于混合长度 l_m；K 可由下式求出：

$$\rho\frac{\partial K}{\partial t} + \rho\overline{u_j}\frac{\partial K}{\partial x_i} = \frac{\partial}{\partial x_j}\left[\left(\mu + \frac{\mu_t}{\sigma_k}\right)\frac{\partial K}{\partial x_i}\right] + \mu_t\frac{\partial \overline{u_j}}{\partial x_i}\left(\frac{\partial \overline{u_i}}{\partial x_j} + \frac{\partial \overline{u_j}}{\partial x_i}\right) - C_D\rho\frac{K^{\frac{3}{2}}}{l} \tag{1-27}$$

这里 σ_k 称为脉动动能的 Prandtl 数，其值在 1.0 左右；系数 C_D 文献中没有比较一致的取值，但在 k—ε 模型中 C_D 与 C'_μ 的乘积却相当一致。对于 l，常用的做法是采用类似于混合长度理论的计算形式,但对于复杂流动问题,几乎没有合适易行的方法确定长度 l 的分布。

3) 标准 $k—\varepsilon$ 方程紊流模型

从 $N—S$ 方程可推导出关于紊动耗散 ε 的方程:

$$\rho \frac{\partial \varepsilon}{\partial t} + \rho \overline{u_k} \frac{\partial \varepsilon}{\partial x_i} = \frac{\partial}{\partial x_j}\left[\left(\mu + \frac{\mu_t}{\sigma_k}\right)\frac{\partial \varepsilon}{\partial x_i}\right] + \frac{C_1 \varepsilon}{K}\mu_t \frac{\partial \overline{u_j}}{\partial x_i}\left(\frac{\partial \overline{u_i}}{\partial x_j} + \frac{\partial \overline{u_j}}{\partial x_i}\right) - C_2 \rho \frac{\varepsilon^2}{K} \quad (1\text{-}28)$$

其中的 ε 定义为

$$\varepsilon = \mu \overline{\left(\frac{\partial u'_i}{\partial x_j}\right)^2} = C_D \frac{K^{\frac{3}{2}}}{l} \quad (1\text{-}29)$$

采用 $k—\varepsilon$ 模型 μ_t 可表示为

$$\mu_t = C'_\mu \rho K^{\frac{1}{2}} l = (C'_\mu C_D)\rho K^2 \frac{l}{K^{3/2}} = C_\mu \rho \frac{K^2}{\varepsilon} \quad (1\text{-}30)$$

在采用 $k—\varepsilon$ 模型求解紊流问题时,控制方程包括连续性方程、动量方程、能量方程以及 K、ε 方程。在这一方程组中,引入三个系数 C_1、C_2、C_μ 及两个常数 σ_k、σ_ε。Spalding 和 Launder 建议使用表 1-3 列出的各个系数值。

表 1-3 标准 $k—\varepsilon$ 两方程系数

C_1	C_2	C_μ	σ_k	σ_ε
1.44	1.92	0.09	1.0	1.3

根据许多学者多年对二维、三维问题的计算结果,表明 $k—\varepsilon$ 模型和标准系数比较成功和可靠,其通用性能比混合长假设、一方程模型要好得多。对标准 $k—\varepsilon$ 模型的适用性,有如下几点需要注意:

模型中的有关参数主要是根据一些特殊条件下的试验结果而确定的,在不同的问题讨论中可能有出入。尽管上组系数有比较广泛的适用性,但也不能对其适用性估计过高,需在数值计算过程中针对特定问题,寻找更合理的取值。

本紊流模型,是针对湍流充分发展而建立起来的,也就是说,是一种针对高雷诺数的湍流计算模型,而当雷诺数较低时,例如在近壁区的流动,湍流发展不充分,必须采用特殊处理。常用的方法有两种,一种是采用壁面函数法,另一种是采用低雷诺数的 $k—\varepsilon$ 模型。

标准 $k—\varepsilon$ 模型比零方程、一方程模型有很大改进,在科学研究和工程应用中得到广泛检验,但用于强旋流、弯曲壁面流动或弯曲流线流动时,会产生一定的失真。原因是在标准 $k—\varepsilon$ 模型中,对于雷诺应力的各个分量,假定黏度系数是相同的,即各向同性的标量,而在弯曲流线的情况下,湍流是各向异性的。

4) RNG $k—\varepsilon$ 方程紊流模型

为了弥补标准 $k—\varepsilon$ 模型的缺陷,许多学者提出了标准 $k—\varepsilon$ 模型的修正方案,RNG $k—\varepsilon$ 模型是其中一种。RNG $k—\varepsilon$ 模型是由 Yakhot 及 Orzag 提出的,该模型中的 RNG 是英文“Renormalization Group”的缩写,意为重正化群,在该模型中,通过大尺度运动和修正后的黏度项体现小尺度影响,而使小尺度运动有系统地从控制方程中去除。

与标准 $k—\varepsilon$ 模型比较,RNG $k—\varepsilon$ 模型通过修正湍动黏度,考虑了平均流动中的旋转及旋流流动情况；在 ε 方程中增加了反映主流时均应变 E_{ij} 的一项，这样该模型的产生项不仅与流动情况有关，还与该问题的空间位置有关。从而，该模型可以更好地处理高应变率及流线弯曲程度较大的流动。该模型的方程与标准 $k—\varepsilon$ 模型相似，只是方程的系数按表1-4中方法取值。

表1-4　RNG $k—\varepsilon$ 两方程系数

C_1	C_2	C_μ	σ_k	σ_ε
$1.42-\dfrac{\eta(1-\eta/4.377)}{1+0.012\eta^3}$	1.68	0.084 5	0.717 9	0.717 9

注：表中 $\eta=(2E_{ij}E_{ij})^{1/2}\dfrac{k}{\varepsilon}$，$E_{ij}=\dfrac{1}{2}\left(\dfrac{\partial u_i}{\partial x_j}+\dfrac{\partial u_j}{\partial x_i}\right)$。

1.3.2　泥沙数学模型

1.3.2.1　泥沙数学模型概述

目前，水沙两相流的研究大多采用宏观方法，其基本思想是将两相或多相流系统中的各相或各相混合体视为统一连续介质，采用类似单相流的办法处理。从河流动力学得知，天然河道挟沙水流中输送着推移质和悬移质，推移质和悬移质输移特性及其造床过程是不相同的，因此泥沙数学模型中还需将推移质输移单独考虑。引起河床冲淤变形是水流挟带泥沙与床沙做不等量交换所致的，这种交换发生在床面层上，水流挟带的粗颗粒泥沙落淤到床面上与床沙相互掺混形成新的床面层；同样，来自于原始河床的细颗粒泥沙被水流冲走也使床面层泥沙组成发生变化，这样的床面层概化为混合层。在混合层内，河床细颗粒的冲刷和水流中大颗粒的落淤都会使混合层内颗粒组成发生改变。

河流泥沙数学模型按其维数可以划分为一维模型、二维模型和三维模型，其中一维模型发展最早、最完善，它主要用于研究长河段长系列的水沙运动及河床冲淤情况，并能够提供断面平均的水沙要素及河床冲淤情况。例如：美国陆军工程兵团开发的HEC－6模型，该模型可用于计算河道及水库的冲淤情况；杨国录开发的SUSBED－2模型，该模型为一维恒定平衡与不平衡输沙模式嵌套计算的非均匀全沙模型，是一套可用于计算和预测水库以及河网中汇流河段水沙和河床变形的通用数学模型，该模型在我国的中南、西南和西北的各大中小水利水电工程中普遍应用，解决了不少工程问题，获得了较大的经济效益。但对于一些工程，需要对河床细部变形情况进行了解，一维模型不能完全满足工程规划设计的要求，就需要利用二维或者三维模型进行研究。受泥沙基本理论和计算机计算速度限制，二维、三维模型发展相对较晚，但是近年来得到长足发展，已能成功求解并应用于工程，解决实际问题。下面就泥沙数学模型的相关问题予以探讨。

1.3.2.2　泥沙数学模型相关问题

泥沙数学模型的主要问题是泥沙基本理论的完善与计算参数的选取，如动床阻力问题、分组水流挟沙力问题、推移质输沙率问题、泥沙扩散系数问题等。

1. 动床阻力问题

阻力问题的研究就是要根据河道的河床、水流和泥沙条件，来确定河道的阻力系数。

阻力系数目前主要有两种确定方法:一种是按不同的阻力单元,如河床阻力、河岸阻力、河槽形态阻力等,分别计算其阻力系数,然后叠加组合;另一种是直接计算总阻力系数,该方法虽然未考虑阻力的形成机理,但是计算简单,在工程中多有应用。

对于一维问题,一般由半经验公式估算或实测资料反求,工程界更倾向于用完全经验性的曼宁公式来计算河道阻力:

$$U = \frac{1}{n}R^{\frac{2}{3}}\sqrt{J} \tag{1-31}$$

式中:R 为水力半径;n 为糙率系数;J 为能坡。

目前,二维模型多是直接沿用一维阻力系数进行计算的,H. J. De Vriend 和 H. J. Geidof[62]针对二维谢才系数给出经验公式;李义天[63]曾就糙率沿河宽分布做过研究,其基本思路是先考察一维情况下的断面综合糙率,在此基础上分析糙率沿河宽变化,提出二维糙率计算公式;杨国录[64]通过二元均匀流对数流速分布公式和谢才公式得到谢才系数沿河宽的计算式:

$$\frac{C}{C_0} = \frac{\lg\left(12.27\dfrac{H}{K_s}\right)}{\lg\left(12.27\dfrac{H_0}{K_{s0}}\right)} \tag{1-32}$$

式中:C 、C_0 分别为二维、一维谢才系数;H 、H_0 分别为当地水深和一维水深;K_s 、K_{s0} 分别为粗度和断面平均粗度。

三维阻力可仿照一维、二维的做法,并引入壁函数的概念处理近底流速(u_b,v_b),床面底部切应力(τ_{bx},τ_{by})可由下式计算:

$$\left.\begin{aligned}\tau_{bx} &= \rho C_D u_b\sqrt{u_b^{\ 2} + v_b^{\ 2}}\\ \tau_{by} &= \rho C_D v_b\sqrt{u_b^{\ 2} + v_b^{\ 2}}\end{aligned}\right\} \tag{1-33}$$

式中:C_D 为与粗度相关的系数;u_b 、v_b 为底部流速,按壁函数的方法确定。

2. 分组水流挟沙力问题

水流挟沙力的计算是泥沙数学模型中的关键问题,也是水沙运动基本理论研究中最为棘手的难题之一。

一维计算中,大多是选用河床泥沙的某一特征粒径作为代表粒径,直接推求河流的床沙质挟沙力,然后分别确定各粒径组的挟沙力级配,再确定分组挟沙力。挟沙力级配的确定主要有三种模式:按悬移质级配计算分组挟沙力、按床沙计算分组挟沙力及水沙条件和按床沙级配求分组挟沙力。

二维水流挟沙力的计算,目前仍是简单地借用一维挟沙力的研究成果,用垂线平均流速代替断面平均流速,用水深代替水力半径进行计算。杨国录[65]从能量平衡的角度出发,考虑了能量横向转移,建立了二维非均匀沙水流挟沙力公式:

$$S_i^* = k_0\left(\frac{\omega_i q}{\omega q_i}\right)^{0.6m}\left(\frac{u_i^{\ 3}}{gh_i\omega_i}\right)^m \tag{1-34}$$

式中:ω 、ω_i 分别为断面及当地泥沙颗粒沉速;q 、q_i 分别为断面及当地流量;k_0 、m 分别为挟沙力系数和挟沙力指数,参照一维方法确定。

三维床面附近的挟沙力比较常用的是 Van Rijn[66] 方法：

$$s_{vb}^* = 0.015\frac{d_{50}T^{1.5}}{aD_*^{0.3}} \tag{1-35}$$

式中：s_{vb}^* 为近底体积挟沙力；$D_* = d_{50}\left(\frac{\frac{\rho_s-\rho}{\rho}}{v^2}\right)^{1/3}$，根据 Van Rijn 的研究；$a$ 取当量糙率高度 Δ 或 $0.5K_s$，同时满足 $a \geq 0.01d$。

3. 推移质输沙率问题

目前，数学模型中比较常用的是以流速和以拖曳力为主要参数的公式。一维、二维、三维模型均可使用以拖曳力为参数的是梅叶－彼得公式，只是代表流速和式中参数需有区别。

4. 泥沙扩散系数问题

工程上，通常泥沙分子扩散系数可取为水流分子扩散系数，泥沙紊动扩散系数和水流紊动扩散系数建立联系：

$$D_s = \frac{\nu_t}{\sigma_s} \tag{1-36}$$

式中：σ_s 为 Schmidt 数，其取值范围一般为 0.5～1.0；v_t 为水流紊动扩散系数。

1.4 小　结

本章基于弯道水沙输移基本理论，结合弯道水槽试验，对弯道水沙输移特性及水流泥沙数学模型展开研究，主要包括三维水沙数学模型、弯道修正二维水流泥沙模型、水深平均二维水沙数学模型及二维、三维嵌套水流模型，并以弯道水槽试验结果为依据，分析并比较了各模型的预测效果及适用性，最后探讨二维、三维嵌套水流模型在天然河道中的应用。具体工作如下。

1.4.1　弯道水沙基本规律理论研究

从弯道水流结构、环流强度、底部切应力、输沙特性、河床冲淤等方面系统的分析、探讨弯道水沙输移规律。

1.4.2　弯道水流数学模型研究

针对弯道中水流的三维特性，本章基于正交曲线网格，分别采用壁函数法和 Poisson 方程法处理近底阻力和自由水面，并引入空实度及水流百分比的概念，探讨三维紊流模型的离散与求解方法。

另外，在考虑纵向、横向流速垂线分布不均的同时，简化三维因素，忽略垂向流速，将三维水流方程沿水深积分，并结合弯道水流、阻力、紊动特性建立沿水深积分的弯道修正二维水流模型。

然后，探讨二维、三维嵌套水流模型中网格布设和水力要素的连接模式，使模型既可保证计算精度又尽可能地节约计算时间。

1.4.3 弯道水流试验及数学模型验证分析

通过弯道水流试验验证并揭示弯道水流运动的基本规律，深入了解弯道水流结构，分析横向环流的形成、发展及消退过程；利用试验成果对弯道水流数学模型进行验证，以检测与检验各泥沙数学模型的适用性及实用性。

1.4.4 河床粗化分析与弯道泥沙试验

理论分析泥沙分级起动、河床粗化、动态保护层的形成与破坏规律机制，结合弯道水槽泥沙试验，研究弯道泥沙输移、河床变形、床沙级配调整及河湾形态变化的基本规律。

1.4.5 弯道泥沙数学模型的验证分析

以水流模型为基础，分别建立三维泥沙模型、弯道修正二维泥沙模型，然后利用弯道水槽泥沙试验成果对各泥沙模型进行验证，分析比较各模型的预测精度及时间成本。

1.4.6 水沙数学模型前后处理技术

对水沙数学模型的前后处理技术进行了探讨，如正交曲线网格生成、河道地形数值化及背景网格生成、流场与流(迹)线的绘制、等值线生成与地形填充等。

1.4.7 二维、三维嵌套水流模型应用与检验

将本章建立的二维、三维嵌套水流模型应用于天然河道水流计算，对计算结果的合理性进行分析。

参考文献

[1] 谢鉴衡. 河床演变及整治[M]. 北京:中国水利水电出版社,2002.

[2] Thomson J. On the Origin and Winding of Rivers in Alluvial Plains [J]. Proc. Royal Society of London, 1876, 25(3): 83-88.

[3] J Thomson. On the Flow of Water Round River Bends [J]. Proc Inst. Mech. Eng. Aug. 6. 1879.

[4] H Engels. Das Flussbau – labora Torium Derkg [Z]. Techni Schen Hochschule in Dresden, Derlin, 1900.

[5] 张瑞瑾. 论环流结构与河道演变关系[J]. 高等学校自然科学学报(土木,建筑,水利版),1964(1).

[6] 张红武. 弯道环流研究[R]. 郑州:黄河水利委员会水利科学研究所,1985.

[7] 王平义. 弯曲河道动力学[M]. 成都:成都科技大学出版社, 1995.

[8] 刘焕芳. 弯道自由水面形状的研究[J]. 水利学报,1990(4).

[9] 武彩萍,吴国英,郭慧敏. 弯道悬沙特性试验研究[J]. 泥沙研究,2008(5):66-70.

[10] 罗索夫斯基. 弯道水流的研究[J]. 尹学良,译. 泥沙研究, 1958, 3(1): 83-95.

[11] KAPAYWEB A B. 河流和水库水力学[M]. 程昌国,译. 北京:水利电力出版社,1958.

[12] 波达波夫. 波达波夫选集(第一卷)[M]. 中国科学研究院水工室,译. 北京:水利电力出版社, 1958.

[13] 罗索夫斯基. 弯道上横向环流及其与水面形状的关系[C]//河床演变论文集(苏)、黄河水利委员会水利科学研究所,译. 北京:科学出版社,1965.

[14] Thorne C R et al. Mesurments of Bend Flow Hydraulics on the Fall River at Bankfull Stage [D]. Colorado:Colorado State University,1985.

[15] 王韦，蔡金德. 弯曲河道内水深和流速平面分布的计算[J]. 泥沙研究，1989(2).

[16] 华祖林. 拟合曲线坐标下弯曲河段水流三维数学模型[J]. 水利学报,2000(1)：1-8.

[17] WAVES M B. Reach to a man, water and soil room in medium section hospital translates [M]. Peking: The water conservancy electric power publisher, 1958：37-41.

[18] 张红武,吕昕. 弯道水力学[M]. 北京:水利电力出版社,1993.

[19] 罗辛斯基,库兹明. 河床[J]. 泥沙研究,1956(1)：115-151.

[20] 张定邦. 弯道环流流速与横向输沙研究[C]//第二届全国泥沙基本理论研究学术讨论会论文集, 1992：101-106.

[21] Englelund F. Flow and Bed Topography in Channel Bends [J], J. Hydra. Div. Proc., ASCE, 1974, 100:1631-1648.

[22] De Vriend H J. A mathematical model of steady flow in curved shallow channels [J]. Hydraulic Research,1977,15(1)：37-53.

[23] 孙东坡. 弯道环流流速与横向输沙研究报告[C]//第二届全国泥沙基本理论研究学术讨论会论文集,1992.

[24] De Vrieng H J, Theory of viscous flow in wide curved open channels[C]// Proc. IAHR Int. Symp on river mechanics, 1973.

[25] Leschziner M A, Rodi W. Calculation of strongly curved open channel flow [J]. J. Hyd. Div. ASCE, 1979, 105：78-81.

[26] KIM J, Moser R D, Moin P. Direct numerical simulation of curved turbulence channel flow [M]. NASA TM285974, 1984.

[27] Moser R D, Moin P. The effects of curvature in wall-bounded turbulent flows [J]. J. Fluid Mech., 1987, 175：479-510.

[28] 李义天，谢鉴衡. 冲积平原河道平面流动的数值模拟[J]. 水利学报，1986(11)：14-20.

[29] 董耀华. 弯道水流的三维数值模拟[D]. 武汉:武汉水利电力大学，1990.

[30] 李治勤，田淳,高恩恩,等. 连续弯道急流的数值模拟[J]. 太原理工大学学报，1999(11)：629-632.

[31] 蒋莉，王少平，等. 应用 RNG $k-\varepsilon$ 湍流模式数值模拟 90°弯曲槽道内的湍流流动[J]. 水动力学研究与进展，1998(3)：8-13.

[32] 张瑞瑾,谢葆玲. 蜿蜒性河段演变规律探讨[C]//河流泥沙国际学术谈论会论文集,1980,1:427-436.

[33] Hooke R L. Distribution of Sediment Transport and Shear Stress in A Meander Bend [J]. Journal of Geology,1975,83:543-565.

[34] Parker G. Discussion of "Lateral Bed Load Transport on Side. Slopes" by S. Ikeda[J]. J. Hydraul. End. ASCE, 1984,110(2):197-199.

[35] Li Ligeng,Schiara M. Expansion Rate of Meandering River Bend[C]// Proceedings of 5th International Symposium on River Sedimentation,Karlsruhe,49 – 54,March,1992.

[36] 芮德繁. 连续弯道环流运动与泥沙冲淤特性的数值模拟及实验[D]. 成都：四川大学,2005.

[37] 方春明. 考虑弯道环流影响的平面二维水流泥沙数学模型[J]. 中国水利水电科学研究院学报,

2003(12).
[38] 钟德钰,张红武. 考虑环流横向输沙及河岸变形的平面二维扩展数学模型[J]. 水利学报, 2004(7).
[39] Odgaard A J. Meander Flow Model Development[J]J. of Hydraulic Engineering, 1986,112(12): 1117-1136.
[40] De Veriend H J. Steady Flow in Shallow Channel Bends. Communications on Hydraulics, De - parment of Civil Engineering[D]. Delft:Delft University of Technology,1981.
[41] Bathurst J C. Secondary Flow and Shear Stresses at River Bends[J]. Pro. ASCE, J. of Hydra. Div., Oct. 1979.
[42] 张海燕[美]. 河流演变工程学[M]. 方铎等,译. 北京:科学出版社,1990.
[43] Zimmerman C, Kennedy J F. Transverse Bed Slop in Curved Alluvial Streams[J]. J. Hydra. Div. Proc., ASCE, 1978, 104:33-48.
[44] Falcon-Ascanio M, Kennedy J F. Floe in Alluvial-River Curves[J]. J. Fluid Mech., 1983: 1-16.
[45] 曾庆华. 弯道河床演变中几个问题的研究[J]. 人民长江,1978(1).
[46] Allen J F L. Studies in Fluviatile Sedimentation[J]. J. of Sedimentology, 1982.
[47] Bridge J S. Bed Topography and Grain Size in Open Chnnel Bends, Sedimentology, 1976.
[48] Odgaard A J. Bed Characyeristics in Channel Bends[J]. J. Hydraulic Div., ASCE, 1982.
[49] Parker G, Andrews E D. Sorting of Bed Load Sediment by Flow in Meander Bends, Water resource Research, 1985.
[50] 黄本胜,蔡金德,吴学良. 连续弯道推移质输移特性及其分选研究[J]. 武汉水利电力学报,1992.
[51] 许建林,曹叔尤. 弯曲河道悬移质扩散方程及含沙量分布的研究[C]//全国第一届计算水力学学术讨论会论文集,1991.
[52] O'Brien M P. Review of the theory of Turbulent Flow and Its Relation to Sediment Transportation[J]. American Geophysical Union, Washington D. C., April,1993.
[53] 张瑞瑾. 悬移质在二度等速明流中的平衡情况下是怎么样分布的?[J]. 新科学季刊,1950(1).
[54] 江恩惠,张红武. 河湾横向输沙计算[C]//全国水动力学研讨会论文集,1993.
[55] 丁君松. 弯道环流横向输沙[J]. 武汉水利电力学报,1965.
[56] Marzio Piller, Enrico Nobile, J Thomas. DNS study of turbulent transport of flow around low - numbers in a channel flow[J]. Journal of Fluid Mechanics, (458):419-441, 2002.
[57] J G Wissink. DNS of sapating low Reynolds number flow in a turbine cascade with incoming wakes[J]. International Journal of Heat and Fluid Flow, 24(4):626-635, 2003.
[58] V Michelassi, J G Wissink, W Rodi. Direct numerical simulation, large eddy simulation and unsteady Reynolds - averaged Navier - stokes simulation of periodic unsteady flow in a low -pressure turbine cascade: A comparison[J]. Journal of Power and Energy, 217(4):403-412.
[59] V Stephane. Local mesh refinement and penalty methods dedicated to Direct Numerical Simulation of incompressible multiphase flows. Proceedings of the ASME/JSME Joint Fluids Engineering Conference: 1299-1305, 2002.
[60] Kosovic Branko, I P Dale, Samtaney Ravi. Subgrid - scale modeling for large - eddy simulation of compressible turbulence [J]. Physics of Fluids, 14(4):1511-1522, 2002.
[61] J S Marshall, M L Beninati, Analysis of subgrid scale torque for large - eddy simulation of turbulence [J]. AIAA Journal of, 41(10):1875-1881, 2003.
[62] H J De Vriend, H J Geidof. Main flow velocity in short river bends [J]. ASCE, Vol. 109, No. HY7,

1983:991-1011.

[63] 李义天.平面二维数学模型研究[D].武汉:武汉水利电力学院,1987.

[64] 杨国录.河流数学模型[M].北京:海洋出版社,1993.

[65] 杨国录.平面二维水流挟沙力初探[C]//第二届全国泥沙基本理论研讨会会议论文集,1995:359-364.

[66] Rijn L C. Sediment transport, Part Ⅱ: Suspend load transport [J]. J. of Hydraulic Enginerring ASCE 1984, 110(11). 1613-1641.

第2章　弯道水流数学模型

天然河道水流及其物质输移一般属于三维运动,需要三维数学模型才可真实地模拟其动力过程。随着计算机的发展,目前三维水流数学模型已经可以成功求解来模拟复杂流场,且具有精度高、误差较小的特点。但其显著缺点是,三维问题较为复杂且运算量大,尤其是在大范围、长系列的水沙计算中,往往因计算工作量过大或时间成本过高而难以完全依靠三维模型进行预测。

对于水平尺度,一般远大于垂向尺度河道水流,流速等水力参数沿垂直方向的变化较之沿水平方向的变化要小得多,此时可以略去这些量沿垂线的变化,转化为水深平均二维数学模型,也称浅水模型或平面二维模型。此类问题需具有以下特点:有自由表面,为明渠水流;重力为水流流动的主要驱动力,水流内部及水流与固体边界的摩阻力为水流能量的主要耗散力;水流流速沿垂线近似均匀分布,不必考虑实际存在的对数或指数等形式的垂线流速分布;水平运动尺度远大于垂向运动尺度,垂向流速及垂向加速度可忽略;水压力接近静压分布等。

由上可见,对于弯道水流运动中会出现横向环流及滩槽交换等因素在垂直平面内产生次生环流的情形,亦不能直接使用水深平均二维模型。此时,可在考虑纵向、横向流速垂线分布不均的同时,简化三维因素,忽略垂向流速,将三维水流方程沿水深积分,并结合弯道水流阻力、紊动等特性推导出沿水深积分的弯道修正二维水流模型。

本章将首先建立三维水流模型,进行离散、求解;然后基于1.2.2.1节弯道水流的基本特性的论述建立沿水深积分的弯道修正二维水流模型,并就二维、三维水流模型的嵌套技术进行研究。

2.1　$k—\varepsilon$两方程紊流模型

水流连续方程:

$$\frac{\partial u_i}{\partial x_i} = 0 \qquad (i = 1,2,3) \tag{2-1}$$

水流运动方程:

$$\frac{\partial(\overline{u_i})}{\partial t} + \frac{\partial(\overline{u_i u_j})}{\partial x_i} = X_i - \frac{1}{\rho}\frac{\partial\left(\overline{p} + \frac{2}{3}\rho K\right)}{\partial x_i} + \frac{\partial}{\partial x_j}\left[\nu\frac{\partial \overline{u_i}}{\partial x_j} - \nu_t\left(\frac{\partial \overline{u_i}}{\partial x_j} + \frac{\partial \overline{u_j}}{\partial x_i}\right)\right] \tag{2-2}$$

紊动能方程:

$$\rho\frac{\partial K}{\partial t} + \rho\,\overline{u_j}\frac{\partial K}{\partial x_i} = \frac{\partial}{\partial x_j}\left[\left(\nu + \frac{\nu_t}{\sigma_k}\right)\frac{\partial K}{\partial x_i}\right] + \nu_t\frac{\partial \overline{u_j}}{\partial x_i}\left(\frac{\partial \overline{u_i}}{\partial x_j} + \frac{\partial \overline{u_j}}{\partial x_i}\right) - C_D\rho\frac{K^{\frac{3}{2}}}{l} \tag{2-3}$$

耗散率方程:

$$\rho \frac{\partial \varepsilon}{\partial t} + \rho \overline{u_k} \frac{\partial \varepsilon}{\partial x_i} = \frac{\partial}{\partial x_j}\left[\left(\nu + \frac{\nu_t}{\sigma_k}\right)\frac{\partial \varepsilon}{\partial x_i}\right] + \frac{C_1 \varepsilon}{K}\nu_t \frac{\partial \overline{u_j}}{\partial x_i}\left(\frac{\partial \overline{u_i}}{\partial x_j} + \frac{\partial \overline{u_j}}{\partial x_i}\right) - C_2 \rho \frac{\varepsilon^2}{K} \tag{2-4}$$

采用 RNGk—ε 模型 ν_t 可表示为

$$\nu_t = C'_\mu K^{\frac{1}{2}} l = (C'_\mu C_D) K^2 \frac{l}{K^{3/2}} = C_\mu \frac{K^2}{\varepsilon} \tag{2-5}$$

在采用 RNGk—ε 模型求解紊流问题时,控制方程包括连续性方程、动量方程、能量方程以及 K、ε 方程。在这一方程组中,引入三个系数 C_1、C_2、C_μ 及两个常数 σ_k、σ_ε,各系数和常数按表 1-4 取值。

2.2　坐标系及基本方程的变换

同一几何形状或流动现象可以采用不同的坐标系来表达,坐标系之间可以相互转换。最常用和最基本的坐标系是直线直角坐标系 (x,y),又称笛卡尔直角坐标系。但对于某些几何形状或流动现象可能采用其他坐标系,如采用极坐标系 (r,θ) 描述更为方便[1]。如对于规则圆形弯道,则在极(柱)坐标系下表述方程较为合适,事实上弯道段往往只是计算区域的一部分,通常弯道还包括进口顺直段与出口顺直段,连续弯道还包括过渡段,在实施具体解法时需根据实际情形进行适当变换。

2.2.1　坐标变换

如果一个坐标系的坐标 (ξ,η,ζ) 可以用笛卡尔坐标 (x,y,z) 的代数式来表示,则称此坐标系为代数坐标系,两坐标系之间的变换称为代数变换;如果一个坐标系的坐标 (ξ,η,ζ) 和笛卡尔坐标系的坐标 (x,y,z) 之间的关系需要通过微分方程来表示,则称此坐标系为微分坐标系,两坐标系之间的变换称为微分变换[1]。例如,极坐标系、球坐标系、抛物坐标系、椭圆坐标系之间为代数变换;泊松方程变换和拉普拉斯方程变换属于微分变换。

通过坐标变换,可以把一个坐标系下的图形变为另外一个坐标系下的图形,根据变化法则可对原图形进行平移、转动、放缩、拉伸、扭曲。

最理想的网格坐标系的各坐标轴与所计算的物理区域的边界一一相符合,称为适体坐标(Body-Fited Coordinates,BFC)或贴体坐标。贴体坐标变换应满足以下要求[2-4]:

(1)物理平面上的结点应与计算平面上的结点一一对应,同簇中的曲线不能相交,不同簇中的两曲线也只能相交一次。

(2)在计算平面上应保持矩形网格,网格疏密应能方便地控制。

(3)拟合坐标边界上的网格线要正交或接近正交,以便于边界条件的离散。

目前,生成贴体坐标的方法大致有复变函数法、代数变换法、解微分方程法等。本章计算的贴体坐标网格采用解微分方程法生成。

2.2.2　物理量变换

设空间 (x,y,z) 与空间 (ξ,η,ζ) 已经存在如下对应关系:

$$
\left.\begin{aligned}
x &= x(\xi,\eta) \\
y &= y(\xi,\eta) \\
z &= \zeta
\end{aligned}\right\} \tag{2-6}
$$

其反函数为

$$
\left.\begin{aligned}
\xi &= \xi(x,y) \\
\eta &= \eta(x,y) \\
\zeta &= z
\end{aligned}\right\} \tag{2-7}
$$

则有

$$
\left.\begin{aligned}
\frac{\partial \xi}{\partial x} &= \frac{C_\zeta}{J} y_\eta = \frac{1}{J} y_\eta \\
\frac{\partial \eta}{\partial x} &= -\frac{C_\zeta}{J} y_\xi = -\frac{1}{J} y_\xi \\
\frac{\partial \xi}{\partial y} &= -\frac{C_\zeta}{J} x_\eta = -\frac{1}{J} x_\eta \\
\frac{\partial \eta}{\partial y} &= \frac{C_\zeta}{J} x_\xi = \frac{1}{J} x_\xi \\
\frac{\partial \zeta}{\partial x} &= \frac{\partial \zeta}{\partial y} = \frac{\partial \xi}{\partial z} = \frac{\partial \eta}{\partial z} = 0 \\
\frac{\partial \zeta}{\partial z} &= \frac{1}{C_\zeta} z_\zeta = 1
\end{aligned}\right\} \tag{2-8}
$$

式中：C_ζ 为正变交换系数，也称拉梅系数，$C_\xi = \sqrt{{x_\xi}^2 + {y_\xi}^2}$、$C_\eta = \sqrt{{x_\eta}^2 + {y_\eta}^2}$、$C_\zeta = 1$；$J$ 为雅可比(Jacobi)行列式，$J = \frac{\partial(x,y,z)}{\partial(\xi,\eta,\zeta)}$，当$(\xi,\eta,\zeta)$为正交系时，$J = C_\xi C_\eta C_\zeta$。

如果只进行几何形状和方程坐标的变换，一个矢量的分量在坐标变换后未作相应变换，仍然用的是原坐标中的分量，称为部分变换；若变换后采用新坐标的分量，则称为完全变换。本章采用完全变换，两坐标系中的流速 $u_1(x,y,z)$、$u_2(x,y,z)$、$u_3(x,y,z)$ 与 $\tilde{u}_1(\xi,\eta,\zeta)$、$\tilde{u}_2(\xi,\eta,\zeta)$、$\tilde{u}_3(\xi,\eta,\zeta)$ 具有以下关系式：

$$
\left.\begin{aligned}
u_1(x,y,z) &= \frac{\mathrm{d}x}{\mathrm{d}t} = x_\xi \frac{\mathrm{d}\xi}{\mathrm{d}t} + x_\eta \frac{\mathrm{d}\eta}{\mathrm{d}t} + x_\zeta \frac{\mathrm{d}\zeta}{\mathrm{d}t} = x_\xi \frac{\tilde{u}_1(\xi,\eta,\zeta)}{C_\xi} + x_\eta \frac{\tilde{u}_2(\xi,\eta,\zeta)}{C_\eta} \\
u_2(x,y,z) &= \frac{\mathrm{d}y}{\mathrm{d}t} = y_\xi \frac{\mathrm{d}\xi}{\mathrm{d}t} + y_\eta \frac{\mathrm{d}\eta}{\mathrm{d}t} + y_\zeta \frac{\mathrm{d}\zeta}{\mathrm{d}t} = y_\xi \frac{\tilde{u}_1(\xi,\eta,\zeta)}{C_\xi} + y_\eta \frac{\tilde{u}_2(\xi,\eta,\zeta)}{C_\eta} \\
u_3(x,y,z) &= \frac{\mathrm{d}z}{\mathrm{d}t} = z_\xi \frac{\mathrm{d}\zeta}{\mathrm{d}t} + z_\eta \frac{\mathrm{d}\zeta}{\mathrm{d}t} + z_\zeta \frac{\mathrm{d}\zeta}{\mathrm{d}t} = \tilde{u}_3(\xi,\eta,\zeta)
\end{aligned}\right\} \tag{2-9}
$$

$$
\left.\begin{aligned}
\tilde{u}_1(\xi,\eta,\zeta) &= \frac{C_\xi}{J}[y_\eta u_1(x,y,z) - x_\eta u_2(x,y,z)] \\
\tilde{u}_2(\xi,\eta,\zeta) &= \frac{C_\eta}{J}[-y_\xi u_1(x,y,z) + x_\xi u_2(x,y,z)] \\
\tilde{u}_3(\xi,\eta,\zeta) &= u_3(x,y,z)
\end{aligned}\right\} \tag{2-10}
$$

以下为叙述方便，将曲线坐标系下三方向的流速 $\tilde{u}_1$ 、$\tilde{u}_2$ 、$\tilde{u}_3$ 分别表示为 u 、v 、w 。

2.2.3 正交曲线坐标系下控制方程

利用上述转换公式可以导出正交曲线坐标系下描述物质输移的一般非恒定对流扩散方程，其通用形式为（变量 φ 表示曲线坐标系中密度 ρ 、压强 p 、ξ 方向流速 u 、η 方向流速 v 、ζ 方向流速 w 、紊动能 k 及耗散率 ε ）：

$$\frac{\partial\varphi}{\partial t}+\frac{1}{C_\xi C_\eta}\frac{\partial(C_\eta u\varphi)}{\partial\xi}+\frac{1}{C_\xi C_\eta}\frac{\partial(C_\xi v\varphi)}{\partial\eta}+\frac{\partial(w\varphi)}{\partial\zeta}=$$
$$\frac{1}{C_\xi C_\eta}\frac{\partial}{\partial\xi}\left(\frac{C_\eta\Gamma_\xi}{C_\xi}\frac{\partial\varphi}{\partial\xi}\right)+\frac{1}{C_\xi C_\eta}\frac{\partial}{\partial\eta}\left(\frac{C_\xi\Gamma_\eta}{C_\eta}\frac{\partial\varphi}{\partial\eta}\right)+\frac{\partial}{\partial\zeta}\left(\Gamma_\zeta\frac{\partial\varphi}{\partial\zeta}\right)+S \tag{2-11}$$

各方程的差别主要体现在源项 S 上，它主要包括方程转换过程后对流剩余项 S_A 、扩散剩余项 S_D 及原方程源项 S_S ，各方程表达式见表 2-1，其中

$$S=S_A+S_D+S_S \tag{2-12}$$

表 2-1 式(2-11)中变量 φ 、Γ 及 S 的表达式

方程	φ	Γ	对流剩余项 S_A	扩散剩余项 S_D	原方程源项 S_S
水流连续方程	1	0	0	0	0
ξ 方向运动方程	u	$\nu_{t\xi}+\nu$	$\frac{v^2}{C_\xi C_\eta}\frac{\partial C_\eta}{\partial\xi}-\frac{uv}{C_\xi C_\eta}\frac{\partial C_\xi}{\partial\eta}$	$-\frac{1}{C_\xi C_\eta}\left[\frac{2u\nu_t}{C_\xi C_\eta}\frac{\partial C_\xi}{\partial\xi}\frac{\partial C_\eta}{\partial\xi}+\frac{u\nu_t}{C_\xi C_\eta}\frac{\partial C_\xi}{\partial\eta}\frac{\partial C_\eta}{\partial\eta}\right]+$ $\frac{1}{C_\xi C_\eta}\frac{\partial}{\partial\xi}\left[C_\eta\nu_t(\frac{1}{C_\xi}\frac{\partial u}{\partial\xi}+\frac{2v}{C_\xi C_\eta}\frac{\partial C_\xi}{\partial\eta})\right]+$ $\frac{1}{C_\xi C_\eta}\frac{\partial}{\partial\eta}\left[C_\xi\nu_t(\frac{1}{C_\xi}\frac{\partial v}{\partial\xi}-\frac{v}{C_\xi C_\eta}\frac{\partial C_\eta}{\partial\xi}-\frac{u}{C_\xi C_\eta}\frac{\partial C_\xi}{\partial\eta})\right]+$ $\frac{1}{C_\xi C_\eta}\nu_t(\frac{1}{C_\xi}\frac{\partial v}{\partial\xi}+\frac{1}{C_\eta}\frac{\partial u}{\partial\eta}-\frac{v}{C_\xi C_\eta}\frac{\partial C_\eta}{\partial\xi})\frac{\partial C_\xi}{\partial\eta}-$ $\frac{2\nu_t}{C_\xi C_\eta}\frac{1}{C_\eta}\frac{\partial v}{\partial\eta}\frac{\partial C_\eta}{\partial\xi}$	$-\frac{1}{\rho C_\xi}\frac{\partial p}{\partial\xi}$
η 方向运动方程	v	$\nu_{t\eta}+\nu$	$\frac{u^2}{C_\xi C_\eta}\frac{\partial C_\xi}{\partial\eta}-\frac{uv}{C_\xi C_\eta}\frac{\partial C_\eta}{\partial\xi}$	$-\frac{1}{C_\xi C_\eta}\left[\frac{2v\nu_t}{C_\xi C_\eta}\frac{\partial C_\xi}{\partial\eta}\frac{\partial C_\eta}{\partial\eta}+\frac{v\nu_t}{C_\xi C_\eta}\frac{\partial C_\xi}{\partial\xi}\frac{\partial C_\eta}{\partial\xi}\right]+$ $\frac{1}{C_\xi C_\eta}\frac{\partial}{\partial\xi}\left[C_\eta\nu_t(\frac{1}{C_\eta}\frac{\partial u}{\partial\eta}+\frac{v}{C_\xi C_\eta}\frac{\partial C_\eta}{\partial\xi}-\frac{u}{C_\xi C_\eta}\frac{\partial C_\xi}{\partial\eta})\right]+$ $\frac{1}{C_\xi C_\eta}\frac{\partial}{\partial\eta}\left[C_\xi\nu_t(\frac{1}{C_\xi}\frac{\partial v}{\partial\xi}+\frac{2u}{C_\xi C_\eta}\frac{\partial C_\eta}{\partial\xi})\right]+$ $\frac{1}{C_\xi C_\eta}\nu_t(\frac{1}{C_\xi}\frac{\partial v}{\partial\xi}+\frac{1}{C_\eta}\frac{\partial u}{\partial\eta}-\frac{u}{C_\xi C_\eta}\frac{\partial C_\xi}{\partial\eta})\frac{\partial C_\xi}{\partial\eta}-$ $\frac{2\nu_t}{C_\xi C_\eta}\frac{1}{C_\xi}\frac{\partial u}{\partial\xi}\frac{\partial C_\xi}{\partial\eta}$	$-\frac{1}{\rho C_\eta}\frac{\partial p}{\partial\eta}$
ζ 方向运动方程	w	$\nu_{t\zeta}+\nu$	0	0	$-\frac{1}{\rho}\frac{\partial p}{\partial z}$
紊动能输运方程	k	$\frac{\nu_t}{\sigma_k}+\nu$	0	0	$p_k-\varepsilon$
耗散率输运方程	ε	$\frac{\nu_t}{\sigma_\varepsilon}+\nu$	0	0	$C_1\frac{\varepsilon}{k}p_k-C_2\frac{\varepsilon^2}{k}p_k$

另外，源项是因变量的函数，它代表了那些不能包括在控制方程中的非稳态项、对流项与扩散项中的所有其他项之和。一般情况下，源项不为常数，而是所求未知变量 φ 的函

数。在数值计算中，如果源项处理不好则可能导致方程求解的失败，目前应用较为广泛的一种处理方法是把源项局部线性化，即假定在未知量微小变化范围内，源项 S 可以表示成该未知量的线性函数，通常表示为

$$S = S_P \varphi_P + S_c \tag{2-13}$$

之所以这样处理有两方面原因：第一，在计算源项 S 值时，部分源项 $S_P \varphi_P$ 用下一时刻 φ 值计算，减少源项滞后，加速收敛；第二，线性化处理是建立线性方程组所必需的。

2.3 基本方程的离散

本章基于交错网格采用有限体积法对控制方程进行离散。

2.3.1 几何要素布置

图 2-1 为控制体几何要素示意图。从单元体位置关系图可以看出，大写字母 P、N、S、W、E、T、B 为节点，分别表示本控制体及东、西、南、北、上、下相邻单元体的标记符；小写字母 n、s、w、e、b、t 为界面，分别表示本控制体与东、西、南、北、上、下相邻界面的标记符。

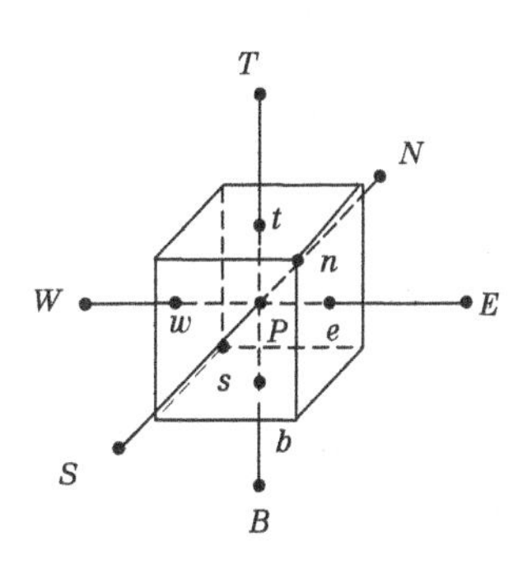

图 2-1 几何要素示意图

另外，采用有限体积法离散时，必须遵守四条基本原则：①控制体积界面连续性原则；②正系数原则；③源项负斜率线性化原则；④本节点系数等于相邻节点之和原则。

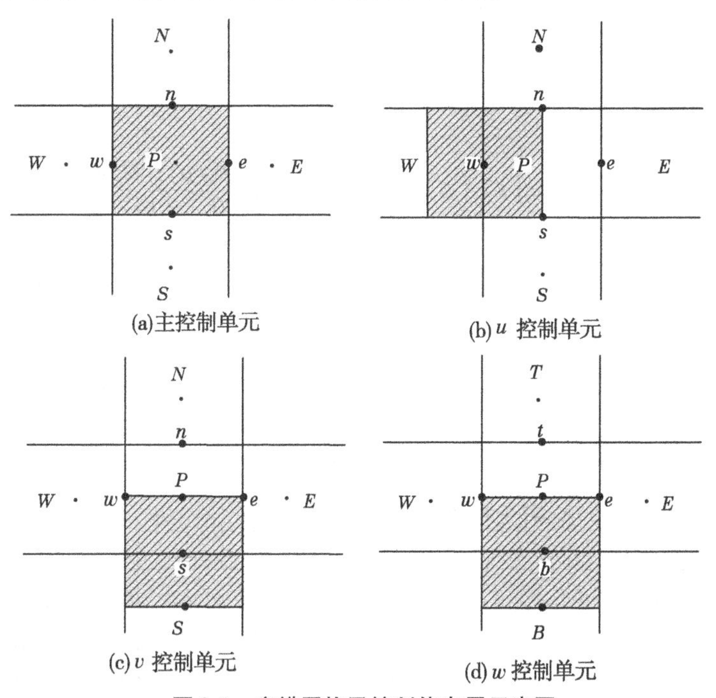

图 2-2 交错网格及控制体布置示意图

2.3.2 交错网格

所谓交错网格，对于水流方程部分是将速度 u 、v 、w 及压力 p 分别存储在四套不同的网格系统上。以存放压力 p 的节点为主节点，则存放速度 u 的节点与主节点在 ξ 方向相隔半个步长 $\Delta\xi$ ，存放速度 v 的节点与主节点在 η 方向相隔半个步长 $\Delta\eta$ ，存放速度 w 的节点与主节点在 ζ 方向相隔半个步长 $\Delta\zeta$ ，相应的各控制容积也有半个步长的错位。交错网格的目的是应用相邻两点间而不是相间两点间的压强差构成 $\partial p/\partial\xi$ 、$\partial p/\partial\eta$ 和 $\partial p/\partial\zeta$，从而避免产生锯齿形的压力波[5]。交错网格及控制体位置关系如图 2-2 所示。

2.3.3 方程离散化

对式(2-11)进行时间、空间积分，即 $\iiint\left(\int f\mathrm{d}t\right)\mathrm{d}\xi\mathrm{d}\eta\mathrm{d}\zeta$ 。对于非稳态项、源项采用一般方法处理，对于扩散项一般采用中心差分，对于对流项可以采取不同的离散格式，如中心差分格式、一阶迎风格式、混合格式、指数格式、乘方格式等，均可得离散方程形式如下：

$$A_P\varphi_P = A_E\varphi_E + A_W\varphi_W + A_N\varphi_N + A_S\varphi_S + A_T\varphi_T + A_B\varphi_B + b_0 \tag{2-14}$$

方程(2-14)中系数 A_i 取决于所采用的离散格式，系数 A_E 、A_W 、A_N 、A_S 、A_T 、A_B 代表在控制体六个界面上对流与扩散的影响，它们均通过界面上的对流质量流量 F 与扩散传导量 D 来计算，$P = F/D$ 为 Peclet 数，表 2-2 给出对流项不同离散格式下各系数 A_i 的计算表达式。

表 2-2 对流项不同离散格式下各系数 A_i 的计算表达式

项目	中心差分	一阶迎风	混合格式	指数格式	乘方格式
A_E	$D_e - F_e/2$	$D_e + \max(0, -F_e)$	$\max\left(-F_e, \left(D_e - \frac{F_e}{2}\right), 0\right)$	$\frac{F_e}{\exp(F_e/D_e) - 1}$	$D_e\max(0, (1-0.1\lvert p_e\rvert)^5) + \max(0, -F_e)$
A_W	$D_w + F_w/2$	$D_w + \max(0, F_w)$	$\max\left(F_w, \left(D_w + \frac{F_w}{2}\right), 0\right)$	$\frac{F_w\exp(F_w/D_w)}{\exp(F_w/D_w) - 1}$	$D_w\max(0, (1-0.1\lvert p_w\rvert)^5) + \max(0, F_w)$
A_N	$D_n - F_n/2$	$D_n + \max(0, -F_n)$	$\max\left(-F_n, \left(D_n - \frac{F_n}{2}\right), 0\right)$	$\frac{F_n}{\exp(F_n/D_n) - 1}$	$D_n\max(0, (1-0.1\lvert p_n\rvert)^5) + \max(0, -F_n)$
A_S	$D_s + F_s/2$	$D_s + \max(0, F_s)$	$\max\left(F_s, \left(D_s + \frac{F_s}{2}\right), 0\right)$	$\frac{F_s\exp(F_s/D_s)}{\exp(F_s/D_s) - 1}$	$D_s\max(0, (1-0.1\lvert p_s\rvert)^5) + \max(0, +F_s)$
A_T	$D_t - F_t/2$	$D_t + \max(0, -F_t)$	$\max\left(-F_t, \left(D_t - \frac{F_t}{2}\right), 0\right)$	$\frac{F_t}{\exp(F_t/D_t) - 1}$	$D_t\max(0, (1-0.1\lvert p_t\rvert)^5) + \max(0, -F_t)$
A_B	$D_b + F_b/2$	$D_b + \max(0, F_b)$	$\max\left(F_b, \left(D_b + \frac{F_b}{2}\right), 0\right)$	$\frac{F_b\exp(F_b/D_b)}{\exp(F_b/D_b) - 1}$	$D_b\max(0, (1-0.1\lvert p_b\rvert)^5) + \max(0, +F_b)$

表中：

$$\left.\begin{aligned}
F_e &= (\Delta\eta\Delta\zeta C_\eta)_e U_e \qquad D_e = (\Delta\eta\Delta\zeta C_\eta)_e \left(\frac{\Gamma_\xi}{\Delta\xi C_\xi}\right)_e \\
F_w &= (\Delta\eta\Delta\zeta C_\eta)_w U_w \qquad D_w = (\Delta\eta\Delta\zeta C_\eta)_w \left(\frac{\Gamma_\xi}{\Delta\xi C_\xi}\right)_w \\
F_n &= (\Delta\xi\Delta\zeta C_\eta)_n V_n \qquad D_n = (\Delta\xi\Delta\zeta C_\xi)_n \left(\frac{\Gamma_\eta}{\Delta\eta C_\eta}\right)_n \\
F_s &= (\Delta\xi\Delta\zeta C_\eta)_s V_s \qquad D_s = (\Delta\xi\Delta\zeta C_\xi)_s \left(\frac{\Gamma_\eta}{\Delta\eta C_\eta}\right)_s \\
F_t &= (\Delta\xi\Delta\eta C_\xi C_\eta)_t W_t \qquad D_t = (\Delta\xi\Delta\eta C_\xi C_\eta)_t \left(\frac{\Gamma_\zeta}{\Delta\zeta}\right)_t \\
F_b &= (\Delta\xi\Delta\eta C_\xi C_\eta)_b W_b \qquad D_b = (\Delta\xi\Delta\eta C_\xi C_\eta)_b \left(\frac{\Gamma_\zeta}{\Delta\zeta}\right)_b
\end{aligned}\right\} \tag{2-15}$$

本章中对流项离散采用乘方格式。

$$b_0 = a_{Pt}\varphi_P^0 + S_c(\Delta\xi\Delta\eta\Delta\zeta C_\xi C_\eta) \tag{2-16}$$

$$a_{Pt} = \frac{\Delta\xi\Delta\eta\Delta\zeta C_\xi C_\eta}{\Delta t} \tag{2-17}$$

$$A_{P1} = S_P(\Delta\xi\Delta\eta\Delta\zeta C_\xi C_\eta) \tag{2-18}$$

$$\begin{aligned}
A_p = [\,& a_{Pt} + (A_E + F_e) + (A_W - F_w) + (A_N + F_n) + \\
& (A_S - F_s) + (A_T + F_t) + (A_B - F_b) - A_{P1}\,]
\end{aligned} \tag{2-19}$$

2.4 模型的求解

水流连续和水流运动四个方程中有四个变量，分别是压力 p 、纵向流速 u 、横向流速 v 和垂向流速 w 。在控制方程里成隐性关系，很难解析求出(或一步数值计算)满足精度的结果。因此，如果在求解真实值比较困难的情况下，可以将真实值 φ 表示为初(预估)值 φ^* 与差量值 φ' 之和，若能将差量值 φ' 近似求出，并通过修正、迭代，再修正使 φ' 趋于0，或是趋于一个满足精度要求的有限值之内，从另一方面来说，也即计算值慢慢趋于真实值或满足精度要求。

2.4.1 SIMPLE 算法

SIMPLE 算法(Semi-Implicit Method for Pressure Linked Equations，简称 SIMPLE，即求解压力耦合方程的半隐方法)是由 Patankar 与 Spalding[6]在 1972 年提出的，是目前工程上运用最为广泛的一种流场计算方法，属于压力修正法的一种。SIMPLE 算法问世以来，在传热与流动的数值计算中得到了广泛应用，同时也得到了不断的改进和发展。其中，比较著名的有 SIMPLER 算法[7](1980)、SIMPLEST 算法[8](1981)、SIMPLEC 算法[9](1984)和 SIMPLE 的 Date 修正方案[10](1986)。

SIMPLE 算法的基本思想可描述如下：对于给定的压力场(它可以是假定的值，或是上一次迭代所得到的结果)，求解离散形式的动量方程，得出速度场。因为压力场是假定的或是不准确的,这样由此得到的速度场一般不满足连续性方程,因此必须对给定的压力场加以修正。修正的原则是:与修正后的压力场对应的速度场能满足这一迭代层次上的连续方程。据此原则,我们把由动量方程的离散形式所规定的压力与速度的关系代入连续方程的离散形式,从而得到压力修正方程,由压力修正方程得出压力修正值。接着,根据修正后的压力场,求得新的速度场。然后检查速度场是否收敛,若不收敛用修正后的压力值作为给定压力场,开始下一层次的计算,如此反复,直至收敛。

在上述求解过程中,如何获得压力修正值(即如何构造压力修正方程),以及如何根据压力修正值确定“正确”的速度(即如何构造速度修正方程),是该算法的两个关键问题。

2.4.2 速度修正方程

设有初始假定压力场 p^*,在该压力场的作用下可以通过动量方程求相应的流速场 u^*、v^*、w^*。

下面以 u 动量方程为例,介绍速度修正方程的建立。u 动量方程离散式又可写为

$$A_{uP}u_P = \sum A_{ui}u_i + b_{1u} + A_u'(P_w - P_e) \quad (i = E,W,N,S,T,B) \tag{2-20}$$

假定压力真实值 p 与当前猜测值 p^* 之差为需要修正的压力值 p',即

$$p' = p - p^* \text{ 或 } p = p^* + p' \tag{2-21}$$

同样,若定义速度修正值 u',可以建立准确速度场 u 与速度猜测值 u^* 之间的联系

$$u = u^* + u' \tag{2-22}$$

无疑正确的压力场与正确的速度场是相容的,满足动量方程,但此时的系数仍无法得到更新,并不严格满足上述动量离散方程,考虑到压力修正法的思想是逐步逼近的,因此仍可采用初始系数并假定源项不变。

将 u 代入相应动量方程得

$$A_{uP}(u_P^* + u'_P) = \sum A_{ui}(u_P^* + u'_P) + b_{1u} + A'_{uP}(P_w^* - P_e^*) + A'_{uP}(P'_w - P'_e) \quad (i = E,W,N,S,T,B) \tag{2-23}$$

式(2-23)可整理为

$$A_{uP}u'_P = \sum A_{ui}u'_i + A'_u(p'_w - p'_e) \quad (i = E,W,N,S,T,B) \tag{2-24}$$

可以看出,由压力修正值 p' 可以求出速度修正值 u'。式(2-25)还表明,任一点的速度修正值有两部分组成:一部分是与该速度在同一方向上的相邻两节点的压力修正值之差,这是产生速度修正值的直接动力;另一部分是由邻点速度的修正值所引起的,这又可以视为四周压力的修正值的所讨论位置上速度改进的间接影响。

为了简化式(2-25)的求解过程,略去方程中与速度修正值相关的 $\sum A_{ui}u_i'$ 可得

$$u'_P = d_u(p'_w - p'_e) \tag{2-25}$$

式中,$d_u = \dfrac{A'_u}{A_{uP}}$。

则准确流速的表达式可表示为

$$u = u^* + d_u(p'_w - p'_e) \quad (2\text{-}26a)$$

同样可以求得

$$v = v^* + d_v(p'_s - p'_n) \quad (2\text{-}26b)$$

$$w = w^* + d_w(p'_b - p'_t) \quad (2\text{-}26c)$$

式(2-27)表明,如果已知压力修正值p',便可对预估的速度场(u^*, v^*, w^*)作出相应的修订,以期得到正确的速度场(u, v, w)。

2.4.3 压力修正方程

将正确的压力场p、速度场(u, v, w)代入连续方程(以p控制体为对象)整理可得

$$A_p p'_P = \sum A_{pi} p'_i + b_{1p} \quad (i = E, W, N, S, T, B) \quad (2\text{-}27)$$

$$b_{1p} = (u^* \Delta\eta\Delta\zeta C_\eta)_w - (u^* \Delta\eta\Delta\zeta C_\eta)_e + (v^* \Delta\xi\Delta\zeta C_\xi)_n - (v^* \Delta\xi\Delta\zeta C_\xi)_s + (w^* \Delta\xi\Delta\eta C_\xi C_\eta)_t - (w^* \Delta\xi\Delta\eta C_\xi C_\eta)_b \quad (2\text{-}28)$$

b_{1p}是由不正确的速度场(u^*, v^*, w^*)所导致的"连续性"不平衡量。

2.4.4 SIMPLE 算法求解步骤

SIMPLE 算法的基本步骤如下:

(1)假定一个初始压力场p^0,以此计算动量方程中的系数和常数项。

(2)依次求解三个动量方程,得到初步计算值u^*、v^*和w^*。

(3)假定实值$p = p^0(p^*) + p'$、$u = u^* + u'$、$v = v^* + v'$、$w = w^* + w'$代入连续方程离散式,并建立p'与u'、p'与v'及p'与w'之间的关系式,以此求得p'值。

(4)通过p'与u'、p'与v'及p'与w'之间的关系式,进而反求得u'、v'及w'值。

(5)利用求得的p'、u'、v'及w'值改进压力与流速值p^*、u^*、v^*和w^*。

(6)把改进后的压力、速度场重新作为计算初值,至步骤(1)。

重复上述步骤,直到获得收敛的解。

2.4.5 对 SIMPLE 算法的讨论与改进

2.4.5.1 算法中的线性化与简化处理

在 SIMPLE 算法中,动量方程计算时,假定了系数A_i及源项S暂时不变(但实际上此参数是随速度改变而更新的)。作为非线性问题求解的中间过程,在每个层次上它们的值被固定下来,一方面会使计算大为简化;另一方面尽管会对收敛的速度产生影响,但不会对最后的收敛结果产生影响。

此外,在建立速度修正方程时,为了简化速度方程,也曾略去了邻点的间接影响项$\sum A_i \varphi_i'$,这样处理后,对计算的结果精度也无影响。这是因为,如果保留$\sum A_i \varphi_i'$项,就必须考虑邻点的压力修正值影响,最后计算包含计算区域内所有节点的压力修正,计算难度与工作量均加大;略去$\sum A_i \varphi_i'$后,可以利用逐次求解的过程,实现变量之间的解耦。

$\sum A_i\varphi_i'$ 代表着压力修正对速度的一种间接、隐含的影响，计算实践已经表明，略去 $\sum A_i\varphi_i'$ 项对最后的结果不会导致任何误差，因为迭代趋于收敛时，$\sum A_i\varphi_i'$ 自然趋于零。

2.4.5.2 迭代过程中的欠松弛技术

对于非线性的水流方程组，由于在压力修正方程求解过程中，采用简化处理与滞后更新系数，当略去的项过多或由此带来的负担过重时，迭代过程中，可能会使收敛变慢甚至发散。为了加快收敛、防止迭代发散，需采用欠松弛的方法，即

$$\frac{A_P}{\alpha}\varphi_P = \left(\sum A_i\varphi_i + b\right) + (1-\alpha)\frac{A_P}{\alpha}\varphi_P^0 \tag{2-29}$$

α 为松弛因子（$0 \leqslant \alpha \leqslant 1$），$\varphi_P^0$ 为上一时刻值。Pantankar 建议对动量方程取0.5，对压力修正取0.8。

2.4.5.3 压力参考点的选取

对于不可压缩流体计算，我们关心的是流场中各点之间的压力差，而不是绝对的数值，因而也不是压力修正值 p' 的绝对数值。一般情况下，压力绝对值常比流经计算域的压差要高几个量级，如果采用压力绝对值进行计算，则会导致压差的计算存在较大误差。为了减小 p' 计算时的舍入误差，可以适当地取流场中某点作为参考点，令该点 $p = 0$，将其他节点的压力作为相对于参照值的相对压力。

2.4.5.4 代数方程组的求解

在求解代数方程组时，具体做法为：采用交错方向扫描求解，即先逐行（或逐列）进行一次扫描，再逐列（或逐行）进行一次扫描，由两次扫描组成一轮迭代，称为交替方向隐式迭代法[11]（ADI 方法），这里所谓的扫描是沿某一方向进行一次隐式迭代求解。横向扫描是把纵向量作为已知值归入常数项，纵向扫描是把横向量作为已知值归入常数项，分别根据边界条件采用追赶法求解。当运用于恒定流求解时，在保证主对角占优的情况下，也可采用高斯－赛格尔迭代，思路清晰，操作简便。每个循环里的迭代次数由实际情形来定，在一个循环里不必迭代至收敛。

2.4.5.5 对 SIMPLE 算法的改进

SIMPLE 算法问世以来，在传热与流动的数值计算中得到了广泛应用，同时也得到了不断的改进和发展。

在建立速度修正方程时，为了简化速度方程，也曾略去了邻点的间接影响项 $\sum A_i\varphi_i'$，从而把速度的修正完全归结为由压差项的直接作用。尽管前文提到并不影响计算结果的准确性，但却加重了修正值 p' 的负担，使得整个速度场迭代收敛速度降低。实际上，当我们在略去 $\sum A_i\varphi_i'$ 项时，犯了“不一致协调”的错误。为了能略去 $\sum A_i\varphi_i'$ 而同时又能使方程尽量协调，假定研究单元体的速度修正值与邻点单元体的修正值相同，可将 $\sum A_i\varphi_i'$ 变为 $\sum A_i\varphi_P'$，移至左端，方程变为

$$\left(A_{uP} - \sum A_{ui}\right)u_P' = A_u'(p_w' - p_e') \quad (i = E,W,N,S,T,B) \tag{2-30}$$

也可写为

$$u'_P = \frac{A'_u}{A_{uP} - \sum A_{ui}}(p'_w - p'_e) \quad (i = E,W,N,S,T,B) \tag{2-31a}$$

同样有

$$v'_P = \frac{A'_v}{A_{vP} - \sum A_{vi}}(p'_s - p'_n) \quad (i = E,W,N,S,T,B) \tag{2-31b}$$

$$w'_P = \frac{A'_w}{A_{wP} - \sum A_{wi}}(p'_b - p'_t) \quad (i = E,W,N,S,T,B) \tag{2-31c}$$

这就是一致协调的 SIMPLE 算法,简称 SIMPLEC 算法(是 SIMPLE Consistent 的缩写,意为协调一致的 SIMPLE 算法)。它是由 Van Doormaal 和 Raithby[9] 所提出的。与 SIMPLEC 算法相比,收敛速度可明显加快。两者计算步骤基本相同,有以下两点区别:

(1)以 $\frac{A'}{A_P - \sum A_i}$ 代替 SIMPLE 算法中的 $\frac{A'}{A_P}$。

(2)在 SIMPLEC 算法中 p' 不再作亚松弛。

2.5 自由水面及边界处理

2.5.1 自由水面处理

自由水面问题是三维水流计算中的一个重要问题。自由表面的早期处理方法有静压假定法和刚盖假定法。尽管大体积水流数值模拟都以静水压强假定为基础,但是假定 $p = \rho gh$ 使 w 方向动量方程变为齐次,类似于分层流的计算;另外,由于压力场的近似引起的水面误差也较大。刚盖假定法将水体表面的流速在计算过程中始终确定为零,且在河道中的过水断面不能自然变化,会直接影响流场的计算结果。这里主要介绍 Poisson 方程法[12]和水深积分法[13]。

2.5.1.1 Poisson 方程法

本书采用 Wu、Rodi 和 Weaka 导出的明渠流动中自由面位置 z_0 的 Poisson 方程法,该方法基于二维水深平均动量方程,在曲线坐标系下:

$$\frac{\partial U}{\partial t} + \frac{1}{C_\xi}\frac{\partial U^2}{\partial \xi} + \frac{1}{C_\eta}\frac{\partial UV}{\partial \eta} = -g\frac{1}{C_\xi}\frac{\partial z_0}{\partial \xi} + \frac{1}{\rho(C_\xi C_\eta)}\left(\frac{\partial T_{\xi\xi}}{\partial \xi} + \frac{\partial T_{\xi\eta}}{\partial \eta}\right) - \frac{1}{\rho h}\tau_{b\xi} + S_u \tag{2-32}$$

$$\frac{\partial V}{\partial t} + \frac{1}{C_\xi}\frac{\partial UV}{\partial \xi} + \frac{1}{C_\eta}\frac{\partial V^2}{\partial \eta} = -g\frac{1}{C_\eta}\frac{\partial z_0}{\partial \eta} + \frac{1}{\rho(C_\xi C_\eta)}\left(\frac{\partial T_{\eta\xi}}{\partial \xi} + \frac{\partial T_{\eta\eta}}{\partial \eta}\right) - \frac{1}{\rho h}\tau_{b\eta} + S_v \tag{2-33}$$

将式(2-32)、式(2-33)分别对 ξ 求导和对 η 求导然后相加,可整理为

$$\frac{1}{C_\xi^2}\frac{\partial z_0^2}{\partial \xi^2} + \frac{1}{C_\eta^2}\frac{\partial z_0^2}{\partial \eta^2} = \frac{1}{g}Q \tag{2-34}$$

$$Q = -\frac{\partial}{\partial t}\left(\frac{1}{C_\xi}\frac{\partial U}{\partial \xi} + \frac{1}{C_\eta}\frac{\partial V}{\partial \eta}\right) - \left(\frac{1}{C_\xi}\frac{\partial U}{\partial \xi}\right)^2 - 2\frac{1}{C_\xi C_\eta}\frac{\partial U}{\partial \eta}\frac{\partial V}{\partial \xi} - U\left(\frac{1}{C_\xi^2}\frac{\partial^2 U}{\partial \xi^2} + \frac{1}{C_\xi C_\eta}\frac{\partial^2 V}{\partial \xi \partial \eta}\right) -$$

$$V\left(\frac{1}{C_\xi C_\eta}\frac{\partial^2 U}{\partial\xi\partial\eta}+\frac{1}{C_\eta^2}\frac{\partial^2 V}{\partial\eta^2}\right)+\frac{1}{\rho}\left(\frac{1}{C_\xi^2}\frac{\partial^2 T_{\xi\xi}}{\partial\xi^2}+2\frac{1}{C_\xi C_\eta}\frac{\partial^2 T_{\xi\eta}}{\partial\xi\partial\eta}+\frac{1}{C_\eta^2}\frac{\partial^2 T_{\eta\eta}}{\partial\eta^2}\right)-$$

$$\frac{1}{\rho C_\xi}\left(\frac{\tau_{b\xi}}{h}\right)-\frac{1}{\rho C_\eta}\left(\frac{\tau_{b\eta}}{h}\right)+\frac{1}{C_\xi}\frac{\partial S_U}{\partial\xi}+\frac{1}{C_\eta}\frac{\partial S_V}{\partial\eta} \tag{2-35}$$

式中：U、V 分别为 ξ、η 垂线平均流速；$T_{\xi\xi}$、$T_{\xi\eta}$、$T_{\eta\xi}$、$T_{\eta\eta}$ 为紊动切应力；$\tau_{b\xi}$、$\tau_{b\eta}$ 为底部切应力；S_u、S_v 为动量方程源项，$S_u = S_A(u) + S_D(u) + S_S(u)$、$S_v = S_A(v) + S_D(v) + S_S(v)$。

由上述方程直接离散求出水位值 z_0，并且能满足二维动量方程。

2.5.1.2 水深积分法

如果计算区域内水面变化不大，可采用水深积分法求解自由水面，该方法简单方便。将水流连续方程沿水深积分得

$$\frac{\partial z_0}{\partial t}+\frac{1}{C_\xi C_\eta}\frac{\partial}{\partial\xi}(HUC_\eta)+\frac{1}{C_\xi C_\eta}\frac{\partial}{\partial\eta}(HVC_\xi)=0 \tag{2-36}$$

式(2-36)的离散式为

$$\frac{z_0-z_0^0}{\Delta t}+[(UC_\eta z_0)_e-(UC_\eta z_0)_w]+[(VC_\xi z_0)_n-(VC_\xi z_0)_s]=0 \tag{2-37}$$

在离散过程中为满足正系数法则，界面水深采用迎风侧水深，即可离散求出。

2.5.2 不规则边界处理

天然河床的边界总是不规则的，由于控制方程对于计算区域仅在平面上进行贴体坐标变换，而未在垂向沿水深实施 σ 变换，计算区域内的单元体空、实出现以下三种情形：空间完全被固体所占有、完全未被固体占有，或介于二者之间。另外，对于完全未被固体占有的单元体，也可能因为位于水面以上而无水流通过，计算时需区别对待，本书采用空度 θ 和水体百分比 F 相结合的方法。

2.5.2.1 空度

空度是流体可流通区域在整个体积区域所占的比例。在网格化了的积分区域中，各个网格有着不同的空度。空度分为体积空度和面积空度，其中体积空度表示一个网格内非固体所占据的体积，面积空度表示一个面上供流体通过的面积百分比。若网格空间全部被固体所占据，则该网格的体积空度为0，且该网格的面积空度全为0；若一个网格的一部分被固体所占有，则该网格的体积空度为非固体空间所占百分比，小于1，其面积空度单元体及相邻单元体实际位置与形状有关系；若单元体完全为非固体所占有，其体积空度为1，面积空度取决于相邻单元体的情形。这样通过给定各个网格及其空度，便可以从数学上模拟出积分区域中不同形状和性质的固体及不规则的几何边界。

2.5.2.2 水体百分比

进行三维流场计算时，仅仅知道各个控制单元体的空度及面积空度还不够，在实际水流计算时，单元体的流体空间可能被水流占据，也可能被气体占据，若以水流流体为对象进行计算，就需考虑研究单元体中水流占据流体空间的百分比 F。若单元体完全处在当地自由水面以上，取 F 为0；若单元体完全处在当地自由水面以下，取 F 为1；介于两者之

间取 $0 < F < 1$。

2.5.2.3 引入空度和水体百分比的控制方程

对于水流连续方程和水流运动方程,引入空度 θ 和水体百分比 F 后的方程为

$$\begin{aligned}&\frac{\partial(\varphi\theta F)}{\partial t}+\frac{1}{C_\xi C_\eta}\frac{\partial(C_\eta U\varphi\theta F)}{\partial\xi}+\frac{1}{C_\xi C_\eta}\frac{\partial(C_\xi V\varphi\theta F)}{\partial\eta}+\frac{\partial(W\varphi\theta F)}{\partial\zeta}\\&=\frac{1}{C_\xi C_\eta}\frac{\partial}{\partial\xi}\left(\frac{C_\eta\Gamma_\xi}{C_\xi}\frac{\partial\varphi\theta F}{\partial\xi}\right)+\frac{1}{C_\xi C_\eta}\frac{\partial}{\partial\eta}\left(\frac{C_\xi\Gamma_\eta}{C_\eta}\frac{\partial\varphi\theta F}{\partial\eta}\right)+\frac{\partial}{\partial\zeta}\left(\Gamma_\zeta\frac{\partial\varphi\theta F}{\partial\zeta}\right)+S(S,\theta F)\end{aligned}\tag{2-38}$$

式中:θ 为单元体空度;F 为水体百分比。

引入空度和水体百分比后,其实质只是对单元体体积和界面面积做修订,其方程形式及各项意义不会改变,对于离散方程和方程解法也不会产生实质性影响,只是方程系数稍加改变。

2.5.3 近壁处理

RNG $k—\varepsilon$ 模型是针对充分发展的湍流建立的,也就是说这些模型仅适用于高雷诺数的情形。近壁区的流动,雷诺数较低,湍流发展并不充分,湍流的脉动影响不如分子黏性影响大,这样的区域内就不能使用 RNG $k—\varepsilon$ 模型进行计算,必须采用特殊的处理措施。

在壁面区,流动情况变化很大,特别是在黏性底层,流动几乎是层流,湍流应力几乎起不到作用,解决这一问题的途径目前有两个:一是不对黏性影响比较明显的区域(黏性底层和过渡层)进行求解,使用一组半经验公式(即壁面函数)将壁面上的物理量与湍流核心区内的相应物理量联系起来,这就是壁面函数法;另一种途径是采用低雷诺数的 $k—\varepsilon$ 模型来求解黏性比较明显的区域(黏性底层和过渡层),这时要求在壁面划分比较细密的网格。

2.5.3.1 壁面函数法

壁面函数法(Wall Function)实际是一组半经验的公式,用于将壁面上的物理量与湍流核心区内待求的未知量直接联系起来,它必须与高雷诺数的 $k—\varepsilon$ 模型配合使用。

对于有固体壁面的充分发展的湍流流动,沿壁面法线的不同距离上,可将流动划分为壁面区、核心区,对于核心区的流动是完湍流区,不作讨论;在壁面区又可根据受壁面影响的不同划分三个区:黏性底层、过渡层和对数律层,过渡层厚度极小,通常归为对数律层一并考虑,通常用无量纲 y_p^+ 来划分黏性底层和对数律层。y_p^+ 的表达式为

$$y_p^+=\frac{y_p}{\nu}\sqrt{\frac{\tau_w}{\rho}}\tag{2-39}$$

式中:y_p 为距固壁的距离,推荐 $y_p^+=11.63$ 作为黏性底层和对数律层的分界点;τ_w 为壁面切应力;ν 水流层流黏滞性系数。

若壁面外的第一个节点的无量纲距离 $y_p^+<11.63$,即认为湍动应力可以忽略,此处流动为层流流动,垂直于壁面的法项速度为零,平行于固壁的速度沿固壁外法线呈线性分布。此时壁面的影响可表示为

$$\tau_{\mathrm{wall}}=\mu\frac{u_p-0}{y_p}=\mu\frac{u_p}{y_p}\tag{2-40}$$

在模型中的处理手段为,关闭固壁一侧流速的对流、扩散影响(令这侧系数 A_i 等于零),把固壁的等效阻力 τ_{wall} 加入模型。

当壁面外的第一个节点的无量纲距离 $y_p^+ \geq 11.63$ 时,也即壁面外的第一个节点处在紊流区,此时仍需考虑固壁的影响。可以认为式(2-41)仍然适用,关键是如何确定此处的当量黏性系数 Γ_{wall}。

$$\tau_{wall} = \Gamma_{wall} \frac{u_p}{y_p} \tag{2-41}$$

$$\Gamma_{wall} = \rho_P C_{\mu p}^{\frac{1}{4}} k_P^{\frac{1}{2}} y_p / u_p^+ \tag{2-42}$$

式中:$u_p^+ = \frac{1}{k}\ln(Ey_p^+)$;$k$ 为卡门常数,取为 0.418 7;E 为与固壁粗糙度有关的常数,对于光滑面取 $E = 9.8$。

2.5.3.2 低雷诺数 k—ε 模型

壁面函数法表达式主要是根据简单的平行流动边界层实测资料归纳出来的。为了使基于 k—ε 模型的数值计算能一直从高雷诺数区域适用到固壁低雷诺数区,许多学者对 k—ε 模型提出修正方案,使修正后的方案可以自动适应不同的雷诺数区域。

Jones 和 Launder 对 k—ε 模型从以下三个方面提出修改:

(1)为了体现分子黏性影响,控制方程的扩散系数必须同时考虑湍动扩散系数和分子扩散系数两部分。

(2)控制方程的有关系数必须同时考虑不同流态的影响,即在系数计算公式中引入湍流雷诺数 Re_t。

(3)在 k 方程中应考虑壁面附近湍动能的耗散不是各向同性这一因素。在此基础上,写出低雷诺数 k—ε 模型的输运方程:

$$\rho \frac{\partial K}{\partial t} + \rho \overline{u_j} \frac{\partial K}{\partial x_i} = \frac{\partial}{\partial x_j}\left[\left(\nu + \frac{\nu_t}{\sigma_k}\right)\frac{\partial K}{\partial x_i}\right] + \nu_t \frac{\partial \overline{u_j}}{\partial x_i}\left(\frac{\partial \overline{u_i}}{\partial x_j} + \frac{\partial \overline{u_j}}{\partial x_i}\right) - \rho\varepsilon - \left|2\mu\left(\frac{\partial k^{1/2}}{\partial n}\right)^2\right| \tag{2-43}$$

$$\rho \frac{\partial \varepsilon}{\partial t} + \rho \overline{u_k} \frac{\partial \varepsilon}{\partial x_i} = \frac{\partial}{\partial x_j}\left[\left(\nu + \frac{\nu_t}{\sigma_k}\right)\frac{\partial \varepsilon}{\partial x_i}\right] + \frac{c_1\varepsilon}{K}G_k|f_1| - C_2\rho\frac{\varepsilon^2}{K}|f_2| + \left|2\frac{\mu\mu_t}{\rho}\left(\frac{\partial^2 u}{\partial n^2}\right)^2\right| \tag{2-44}$$

$$\mu_t = C_\mu |f_u| \rho \frac{k^2}{\varepsilon} \tag{2-45}$$

使用上述低雷诺数 k—ε 模型时,黏性底层内的网格要密。

2.6 定解条件

根据方程的不同归属类型应提出相应的定解条件。非恒定水流方程属于双曲方程及抛物方程的混合方程,这类问题的物理量变化与时间有关,属初边值问题,它要求既给出边界上的函数值或导数值,又给出初始值。所谓的边界条件,具体而言是指在求解区域边界上所求解的变量或一阶导数随地点及时间变化的规律。只有给定了合理的边界条件,才可能计算出流场的解。

对于三维湍流数值计算问题,基本边界条件包括进口边界、出口边界、固壁边界、自由水面,有时还有对称边界和周期边界,对于复杂流动问题还常见到内部边界。

2.6.1 进口边界

2.6.1.1 流速分布

通常进口并无实测流速分布,而是给定流量 q_{in},可先沿河宽按 $u = \alpha h_i^{2/3}$ 求得垂线平均流速分布,α 为流速分布系数,然后按指数(或对数)垂线流速分布公式给定进口每一点的流速。

2.6.1.2 紊动能 k 和耗散率 ε

在使用各种 k—ε 模型对湍流进行计算时,需要给定进口边界上的 k 值和 ε 值。目前没有理论上准确计算这两个参数的公式,只能通过试验得到。对没有任何已知条件的情况,一般采用如下公式近似得到:

紊动能 k

$$k_{in} = 0.01u_{in}^{2} \tag{2-46}$$

式中:u_{in} 为进口处流速。

耗散率 ε

$$\varepsilon = 0.09k_{in}^{3/2}/(0.05H_{in}) \tag{2-47}$$

式中:H_{in} 为进口水深。

2.6.2 出口边界

如果可以获得出口断面上实测的流速分布与压力分布等,就可以利用这些测定结果作为出口边界条件;但大多情况下无法获得这些分布,这时流动的出口边界条件一般应选在离几何扰动足够远的地方来施加。在这样的位置流动是充分发展的,沿流动方向没有变化。在此位置上选择一个垂直于流动方向的面,即确定一个出口面,然后可施加出口边界条件。出口边界的数学描述为在该面上的所有变量(压力 p 除外),如 u、v、w、k、ε 等梯度均为零,即

$$\frac{\partial u}{\partial n} = \frac{\partial v}{\partial n} = \frac{\partial w}{\partial n} = \frac{\partial k}{\partial n} = \frac{\partial \varepsilon}{\partial n} = 0 \tag{2-48}$$

压力边界条件的确定:

$$z_{out} = z_d \tag{2-49}$$

式中:z_d 为已知下游水位。

在具体计算时,符合出口断面布置条件的断面处可近似认为压力服从静水压力分布,将水位边界条件转化为压力边界条件,以便进行三维湍流计算。

2.6.3 自由水面边界

物理量(耗散率除外)在自由面处采用法向梯度为零的边界条件。

$$\frac{\partial u}{\partial n}=\frac{\partial v}{\partial n}=\frac{\partial w}{\partial n}=\frac{\partial k}{\partial n}=0 \tag{2-50}$$

$$\varepsilon = k^{1.5}/(0.43H) \tag{2-51}$$

2.6.4 固壁边界

近岸固壁边界条件采用壁面函数法处理,关于床面切应力在5.1.3节中动床阻力中详述。

2.7 弯道修正二维水流模型

2.7.1 基本方程

定义水深$H=z_0-z_b$,定义U、V为ξ、η两方向的水深平均流速,引入莱布尼兹积分公式和表面及底部运动学条件,假定压强服从静水分布,将三维流动方程沿水深积分,可得到正交曲线坐标系下基本方程,其通用形式为(变量φ表示曲线坐标系中水深H、ξ方向水深平均流速U、η方向流速V):

$$\frac{\partial\varphi}{\partial t}+\frac{1}{C_\xi C_\eta}\frac{\partial(C_\eta U\varphi)}{\partial\xi}+\frac{1}{C_\xi C_\eta}\frac{\partial(C_\xi V\varphi)}{\partial\eta}+M(\varphi)$$
$$=\frac{1}{C_\xi C_\eta}\frac{\partial}{\partial\xi}\left(\frac{C_\eta\Gamma_\xi}{C_\xi}\frac{\partial\varphi}{\partial\xi}\right)+\frac{1}{C_\xi C_\eta}\frac{\partial}{\partial\eta}\left(\frac{C_\xi\Gamma_\eta}{C_\eta}\frac{\partial\varphi}{\partial\eta}\right)+\overrightarrow{\tau_b}+\overrightarrow{\tau_w}+S \tag{2-52}$$

水流连续方程右端为零,各方程的差别主要体现在修正动量$M(\varphi)$和源项S上。

模型中:

$$M(H)=0 \tag{2-53}$$

$$M(U)=\frac{1}{C_\xi}\frac{\partial\left(\int_{z_b}^{z_0}(\Delta U\Delta U)\,\mathrm{d}z\right)}{\partial\xi}+\frac{1}{C_\eta}\frac{\partial\left(\int_{z_b}^{z_0}(\Delta U\Delta V)\,\mathrm{d}z\right)}{\partial\eta} \tag{2-54}$$

$$M(V)=\frac{1}{C_\eta}\frac{\partial\left(\int_{z_b}^{z_0}(\Delta V\Delta V)\,\mathrm{d}z\right)}{\partial\eta}+\frac{1}{C_\xi}\frac{\partial\left(\int_{z_b}^{z_0}(\Delta U\Delta V)\,\mathrm{d}z\right)}{\partial\xi} \tag{2-55}$$

式(2-53)~式(2-55)是由于流速沿垂线不均匀而引入的动量修正项,ΔU、ΔV分别为z处流速u、v与垂线平均流速U、V的差值。在二维浅水问题中$M(U)$、$M(V)$的数值一般为0.02~0.05倍垂线平均流速动量,可以忽略,但在有弯道环流时,流速垂线分布不均(上、下部流速异向)的情况下不可忽略;$M(U)$、$M(V)$的取值依照流速垂线分布而定。

$\overrightarrow{\tau_b}$、$\overrightarrow{\tau_w}$为紊动应力项在积分上、下限边界条件,其物理意义是自由水面面积力和河道床面面积力。自由水面面积力主要包括空气阻力和表面风力,通常可忽略;河道床面剪切力$\overrightarrow{\tau_b}$按照弯道阻力公式计算。若将河道阻力与糙率n以及水深平均流速U、V建立关系,当弯道半径$r\to\infty$时,可表示为$\tau_{b\xi}=g\dfrac{n^2U(U^2+V^2)^{1/2}}{H^{1/3}}$、$\tau_{b\eta}=g\dfrac{n^2V(U^2+V^2)^{1/2}}{H^{1/3}}$。

另外，由于弯道水流中紊动性较强，且沿程影响相对更为复杂，这里采用基于二维的 $k—\varepsilon$ 两方程模型计算水流紊动黏性系数，较水深平均二维模型中常用的零方程模式更为科学。

2.7.2 基本方程离散及求解

参考三维水流方法。

2.7.3 流速垂线分布的确定

弯道修正二维模型中的一个关键问题是纵、横向的流速垂线分布，这直接关系到动量修正项 $M(\varphi)$ 的大小。如果能从现有弯道流速分布研究成果中找出一个可以准确描述研究河段流速分布特性的计算公式，或是能够把研究河段的流速分布用某一公式率定出来，代入沿水深积分的弯道修正二维模型中即可进行计算动量修正项 $M(\varphi)$ 。

在 1.2.2.1 部分已经指出，在不考虑泥沙方面因素的前提下影响弯道环流的因素可分为三类：一是与河道形态有关；二是与水流条件有关；三是与水流特性有关。其实，既定弯道中某一水流条件下环流发展强度主要是弯曲半径 R 与水深 H 的函数，在这两个条件确定时，弯道环流的发展有很多规律可循，迄今为止，国内外已借助于紊流半经验理论和纵向流速垂线分布的假定，引入相应的边界条件、连续条件及必要假定，提出了许多关于稳定、充分发展的弯道环流流速分布公式。但这些公式大部分都是基于环流充分发展而提出的，对于环流发展段和消退段误差较大。

可以采用已有流速分布公式（见表1-2）代入方程式(2-52)中，但表1-2中公式大多是在环流充分发展的基础上得出的，使用时尚需调整。在有已知流速分布的前提下可以采用拟合流速分布公式的方法确定流速分布。

依据已知三维流场，设在平面单元 (i,j) 处，垂直向上位于 $k1 \leqslant k \leqslant k1 + kk$ 的单元体 (i,j,k) 有水流占据，取 $kk1$ ($kk1 \leqslant kk$)个代表点进行流速垂线分布公式拟合，方法如下：

$$\frac{u}{U} = C_0 + C_1\eta + C_2\eta^2 + \cdots + C_{kk1-1}\eta^{kk1-1} \tag{2-56a}$$

$$\frac{v}{V} = D_0 + D_1\eta + D_2\eta^2 + \cdots + D_{kk1-1}\eta^{kk1-1} \tag{2-56b}$$

式中：η 为相对水深；C_0 , C_1 ,⋯, C_{kk1-1} 及 D_0 ,D_1 ,⋯, D_{kk1-1} 为系数，经数值分析拟合得来。

在该河段水流条件相近的计算中可大致用该水深积分二维模型代替三维水流模型进行计算，以减少工作量，节省计算时间。

2.8 弯道水流二维、三维嵌套模型

前已提到，尽管目前三维水流数学模型已经可以成功求解来模拟复杂流场，但因其问题复杂、计算量较大而限制了其推广应用。

对于弯道来说，弯道段往往只是计算区域的一部分，通常弯道还包括进口顺直段与出口顺直段，连续弯道还包括过渡段，所以若整个流场利用三维计算势必造成很大的麻烦与浪费。从弯道环流发展可知，在入弯前一段距离环流才开始有所发展，流速开始体现出三维性，在水流出弯后环流开始衰退，一段距离后基本可视为二维流动。因此，如能在流场三维性较强的弯道段处使用三维模型，而在环流尚未明显发展和已经衰退至较弱水平的河段采用二维模型，则获得既保证一定精度，又节约了计算时间的满意效果，此称为弯道水流的二维、三维空间嵌套。

对于弯道水流的二维、三维嵌套而言，主要问题是网格的布置及水文要素连接处理。

2.8.1 嵌套模型网格布设

先对整个计算区域生成平面正交曲线网格，然后对三维计算段进行垂向分层，这样二维、三维段网格自然连接。考虑到三维计算时网格的边长比要求相对二维严格，需控制三维计算段空间步长比，合理设定平面步长与垂向步长的尺度。

2.8.2 嵌套模型水力要素连接模式

关于嵌套模型计算中的水力要素的连接，可采取二维、三维相互提供边界条件的做法。通常整个计算河段的进出口为二维段，河段中央嵌套一个或多个三维段，二维段的处理较为简单，这里主要探讨三维进口、出口的水文要素连接。

2.8.2.1 三维进口

通常可以借鉴三维水流模型进口边界条件的处理方法，按对数（指数）流速分布公式给定垂线分布满足界面水流通量连续即可。但这种处理方法强制性地造成连接处的动量不守恒，上部水流动量增大、底部水流动量减小，在此处水面出现突变，流速亦不平顺，连接模式需要改进；另外，上述水力要素连接模式亦不能满足能量守恒法则。

本章采取直接按二维段垂线平均流速给定三维进口流速条件。尽管此连接模式三维进口处上、下层流速相同，不尽合理，但该模式同时满足水量、动量、能量守恒，进入三维计算段后流速垂线分布会自适应调整，可保证二、三维连接界面处流场、水位自然平顺。

2.8.2.2 三维出口

三维出口断面要求取在水面与河底变化均较缓的地方，此处垂线流速较小、三维性相对较弱。此处不需将三维流速与二维流速直接建立联系，只需将三维流速沿水深积分给定该界面的水量通量即可。

可将二维、三维水流离散方程写成通用形式：

$$A_{(i,j,k)P}\varphi_{(i,j,k)P} = \sum A_{(i,j,k)nb}\varphi_{(i,j,k)nb} + b_{(i,j,k)0}$$

$$\begin{aligned}(&i = 1,IM \quad j = 1,JM \quad k = 1,KM \quad \mathrm{d}z = \Delta z \quad nb = E,W,N,S,T,B \quad \text{三维段};\\ &i = 1,IM \quad j = 1,JM \quad k = 1 \quad \mathrm{d}z = H \quad nb = E,W,N,S \quad \text{二维段})\end{aligned} \tag{2-57}$$

2.9 小　结

本章在详细分析湍流基本理论的基础上，基于正交曲线网格，分别采用壁函数法和

Poisson 方程法处理近底和自由水面问题，并引入空度及水体百分比的概念，介绍三维紊流模型的离散与求解方法。

在考虑纵向、横向流速垂线分布不均的同时，考虑简化三维因素，忽略垂向流速，将三维水流方程沿水深积分，全面考虑弯道水流流速分布特性、床面阻力分布及水流紊动特性等因素，推导出沿水深积分的弯道修正二维水流模型。

研究二维、三维水流模型的嵌套技术，并探讨了嵌套模型中的网格布置与水文要素连接模式。

参考文献

[1] 李义天，曹志芳，赵明登. 河道平面二维水沙[M]. 北京：中国水利水电出版社，2001.

[2]李炜. 黏性流体的混合有限分析解法[M]. 北京：科学出版社，2000.

[3]朱劲木. 射流泵流场的数值模拟及高压水磨料射流的实验研究[D]. 武汉：武汉大学，2001.

[4]周龙才. 泵系统水流运动的数值模拟[D]. 武汉：武汉大学，2002.

[5]陶文铨. 数值计算传热学[M]. 西安：西安交通大学出版社，1988.

[6]Patankar S V, Spalding D B. Calculation Procedure for Heat, Mass and Momentum Transfer in 3 – D Flows [J]. Int. J. Heat Mass Transfer, 1972(15): 1787-1806.

[7]Patankar S V. Numerical heat transfer and fluid flow [M]. New York: Mc Graw Hill, 1980.

[8]Raithby G D, Schneider G E. Elliptic systems: finite difference methods Ⅱ [M]. New York: John Wiley & Sons, 1981.

[9]Van Doormaal J P, Raithby G D. Enhancement of SIMPLE method for predicting incompressible fluid flows [J]. Numer Heat Transfer, 1984(7): 147-163.

[10] Sheng Y, Shoukri M, Sheng G, et al. A modification to the SIMPLE method for buoyancy-driven flows [J]. Numer Heat Transfer, Part B, 1998, 33(1):65-78.

[11]Peaceman D W, Rachford jr H H. The Numerical Solution of Parabolic and Elliptic Differential Equations [J]. J. Soc. Ind. Match, 1955.3.

[12]Wu W M, Rodi W, Wenka T. 3D numerical model of flow and sediment transport in open channels[J], J. Hydr. Engg, ASCE, 126(1):4-15.

[13]夏云峰. 感潮河道三维水流泥沙数值模型研究与应用[D]. 南京：河海大学，2002.

第3章　弯道水流试验及其数学模型验证

本章第一部分在理论分析弯道水流运动特性的基础上，进行弯道水槽水流试验，通过试验观察和结果数据分析验证并揭示弯道水流运动的基本规律，了解弯道水流结构，分析横向环流的形成、发展与消退过程；本章第二部分利用水槽试验实测结果对所建立数学模型进行验证，并分析比较各模型的预测效果及时间成本。

3.1　弯道水流试验

3.1.1　弯道水流试验模型及设备介绍

本试验是在武汉大学水利水电学院弯道试验水槽进行的，弯道试验水槽宽1.2 m，外径3 m，内径1.8 m，深0.5 m，底坡为1/1 000，见图3-1。

图3-1　试验水槽照片

水流试验中采用声学多普勒流速仪ADV(Acoustic Doppler Velocimeter，简称ADV)进行流速测量。多普勒流速仪ADV最初是SonTek公司为美国陆军工程兵团水道实验室设计制造的。该流速仪运用多普勒原理，采用遥距测量的方式，对距离探头一定距离的采样点进行测量。如今，ADV已成为水力及海洋实验室的标准流速测量仪器，广泛应用于研究波浪轨迹、水体运动轨迹、桥桩周围水流扰动、水沙试验测试、室内水力模型试验、ADV研究海浪、泥沙实验室等。

ADV主要由量测探头、信号调理、信号处理三部分组成。量测探头由三个10 MHz的接收探头和一个发射探头组成。三个接收探头分布在发射探头轴线的周围，它们之间的夹角为120°，接收探头与采样体的连线与发射探头轴线之间的夹角为30°，采样体位于探头下方5 cm或10 cm，这样可以基本上消除探头对流场的干扰，见图3-2。一套设备共有三个探头：俯视探头、仰视探头、侧视探头。在测量水面附近的流速时需使用仰视探头进行测量。

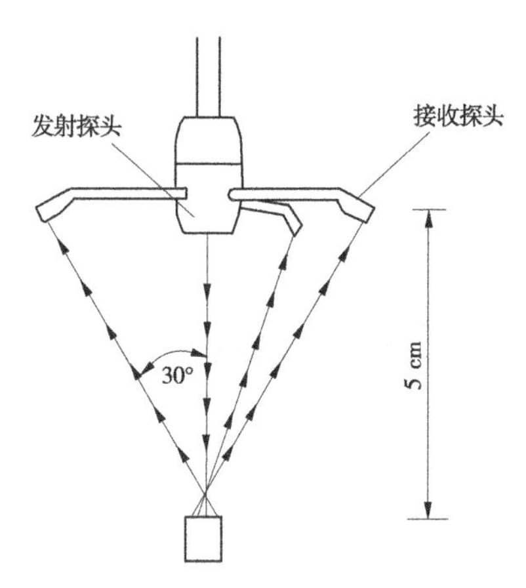

图3-2　ADV 探头示意图

ADV测速依据为：固定声源和接收探头，当水流中粒子运动时，接收探头接收到的自由运动粒子反射或散射的声音频率将发生变化，它们的关系如下：

$$F_D = F_S(v/C) \tag{3-1}$$

式中：F_D 为多普勒频接收频率；F_S 为发射频率；v 为运动粒子相对于接收探头的速度；C 为声速。

水面测量采用水位计。

3.1.2　弯道水流试验设计及试验方案

试验系统配套最大供水流量为150 L/s，试验流量可由平板堰测算出。

本试验的目的是测定弯道水流流速沿纵向、横向及垂向分布，了解弯道水流结构，分析横向环流的形成、发展及消退过程，进一步研究受环流影响下的弯道水流流速分布与直道的迥异。试验中，沿程布置16个测量断面，每个断面上横向布置6条垂直测线，每条测线根据水深确定纵向的测点个数（每条测线测点不少于5个），见图3-3、图3-4。

3.1.2.1　**试验条件**

由于主流流速对弯道环流的强度及发展起到决定性作用，为保证水流试验中出现在一定强度的环流，主流流速不宜过小，但仍需使水流处在缓流状态（使弗劳德数小于1，即 $\frac{v^2}{gH}<1$）。试验中取流量50 L/s，水深控制在0.20 m左右，弯道段主流流速约为0.4 m/s。

3.1.2.2　**试验方案**

为了验证并揭示弯道水流运动的基本规律，深入了解弯道水流结构，分析横向环流的形成、发展及消退过程，水流试验中将过水断面设计为矩形，简称为矩形断面水流试验。

另外,为了解天然河流的弯道水流特性,分析并比较与规则水槽情形的区别,将弯道水槽断面设计成天然情形,凸岸平滩、凹岸深槽,地形示意图及照片见图3-5,简称为天然断面水流试验。

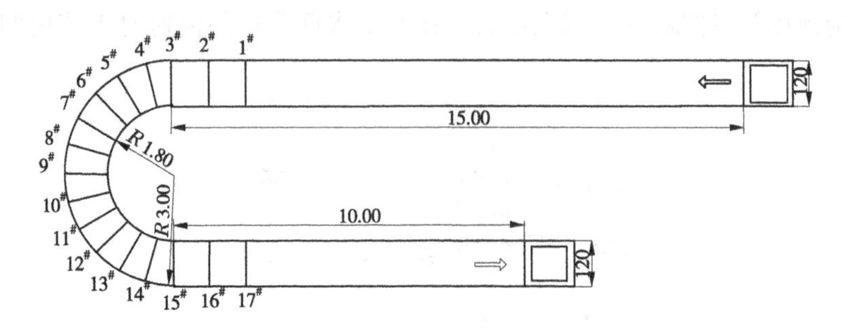

图3-3　水槽试验断面布置

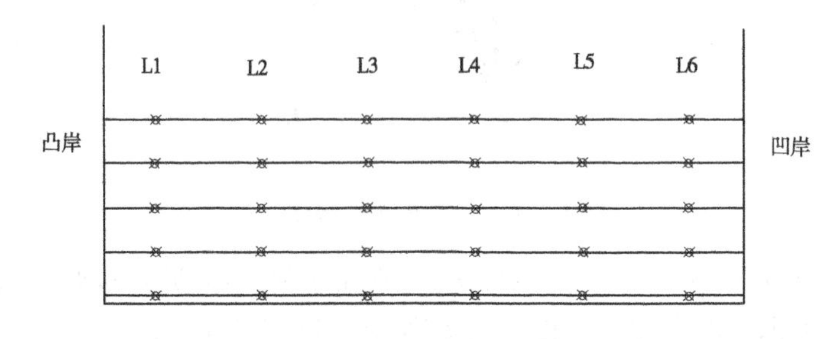

图3-4　断面测点布置

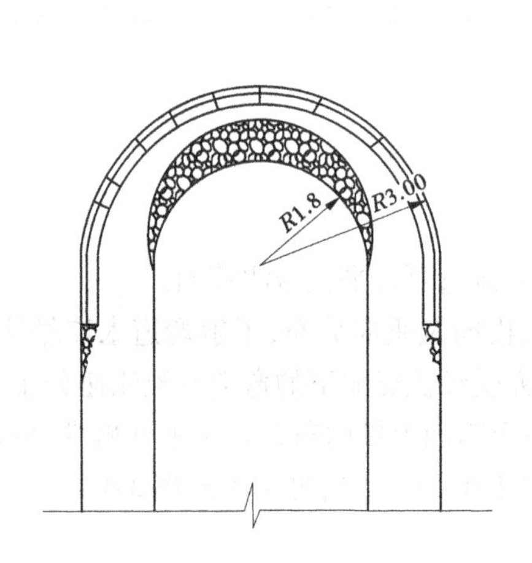

图3-5　天然断面地形示意图及照片

对于矩形断面试验,侧重于揭示弯道环流的基本特性,试验中尽量避免其他因素引起的环流发展及紊动,如表面风力影响、边壁黏切力影响、外界震动等。

对于天然断面试验,侧重于了解天然河流的弯道水流特性,分析并比较与规则断面水槽试验的区别,试验中应尽量使水流条件与地形相匹配(控制流量一定,调整水深)。

3.1.3 弯道试验水面成果分析

3.1.3.1 矩形断面试验结果

试验中观察到,整个弯道水面是扭曲的,凹岸水位高,凸岸水面低,有显著的横比降存在,而且各过水断面横比降的大小不相等。

图 3-6 给出了矩形断面试验典型横断面上的实测水面。

由图3-6 可见,水流在弯道前1 m处,横断面水面基本持平,横比降较小;进入弯段后水面即出现从凸岸向凹岸倾斜的横比降 J_r,在弯道上段,凹岸水位与入弯前基本一样,凸岸水位有所降低;试验中最大横比降发生在弯顶以下的11#断面(弯道120°)处,此处,凸、凹岸水位差达0.3 cm,断面平均横比降约为2.5/1 000;11#断面往下,凸、凹岸水位逐渐趋平,在弯道下段,凸岸水位变化不大而凹岸水位沿程降低,两岸水面差逐渐减小,但直至弯段出口处仍有一定数值;水流出弯后,两岸水位逐渐持平,横比降趋于0。

由图3-6 还可看出,尽管在弯顶前7#断面(弯道60°)处水位达到最大值20.8 cm,此处凹、凸岸水位差为0.25 cm,并非最大横比降所在;最大横比降在弯道弯顶偏后的11#断面(弯道120°)处,此处凹、凸岸水位差为0.3 cm。这可能与水流条件有关,大水上提、小水下挫。

3.1.3.2 天然断面试验结果

图3-7 给出了天然断面试验典型横断面上的实测水面。由图中可见,该方案下水流不但受弯道离心力作用影响,还受到局部地形影响,该影响促进了弯道环流的发展。在水流入弯前,由于受到右岸地形的挤压,断面缩窄,水位稍有升高;入弯后,凸岸水位基本不变,凹岸水位升高,断面出现横比降,但横比降较小;在弯顶处(9#断面、弯道90°),凹凸岸水面差别较大,为0.5 cm,此处横比降最大,断面平均横比降为4/1 000;在13#断面(弯道150°)处水面开始逐渐恢复,横比降迅速减小;水流出弯后,两岸水位基本持平,横比降趋于0。

由图3-7 还可看出,弯顶前5#断面(弯道30°)水位达到最大值25.1 cm,此处凹、凸岸水位差为0.1 cm;最大横比降在弯道弯顶位置(9#断面弯道90°),此处凹、凸岸水位差为0.5 cm。与矩形断面试验相比,顶冲点与最大横比降发生点上提,这与水流条件有关,受断面地形缩窄影响此方案流速较大,体现出"大水上提、小水下挫"的特性。

3.1.4 弯道试验流速成果分析

弯道水流是三维流动,水流在垂直方向存在径向压力梯度,通常表层水流的向心加速度大于底层水流的向心加速度,因为表层水流的速度大于弯道水流的平均速度,而底层水流的速度小于弯道水流的平均速度。这样,表层水流趋向于向外运动,而底层水流则趋向内运动,靠近河岸处将形成平衡性垂向流速分量,该流速分量的方向在凸岸为向上,在凹岸为向下,从而形成对弯道河床断面产生很大影响的螺旋流。

3.1.4.1 纵向流速分布特性

试验中观测到,弯道前的顺直河段中纵向流速沿河宽分布基本对称,入弯后凸岸一侧纵向流速稍有增加,而凹岸一侧稍有减小;至某一部位后,出现反向的调整,最大纵向流速向凹岸转移,此后直至出弯后相当长的一段距离内,最大流速依然紧贴凹岸。

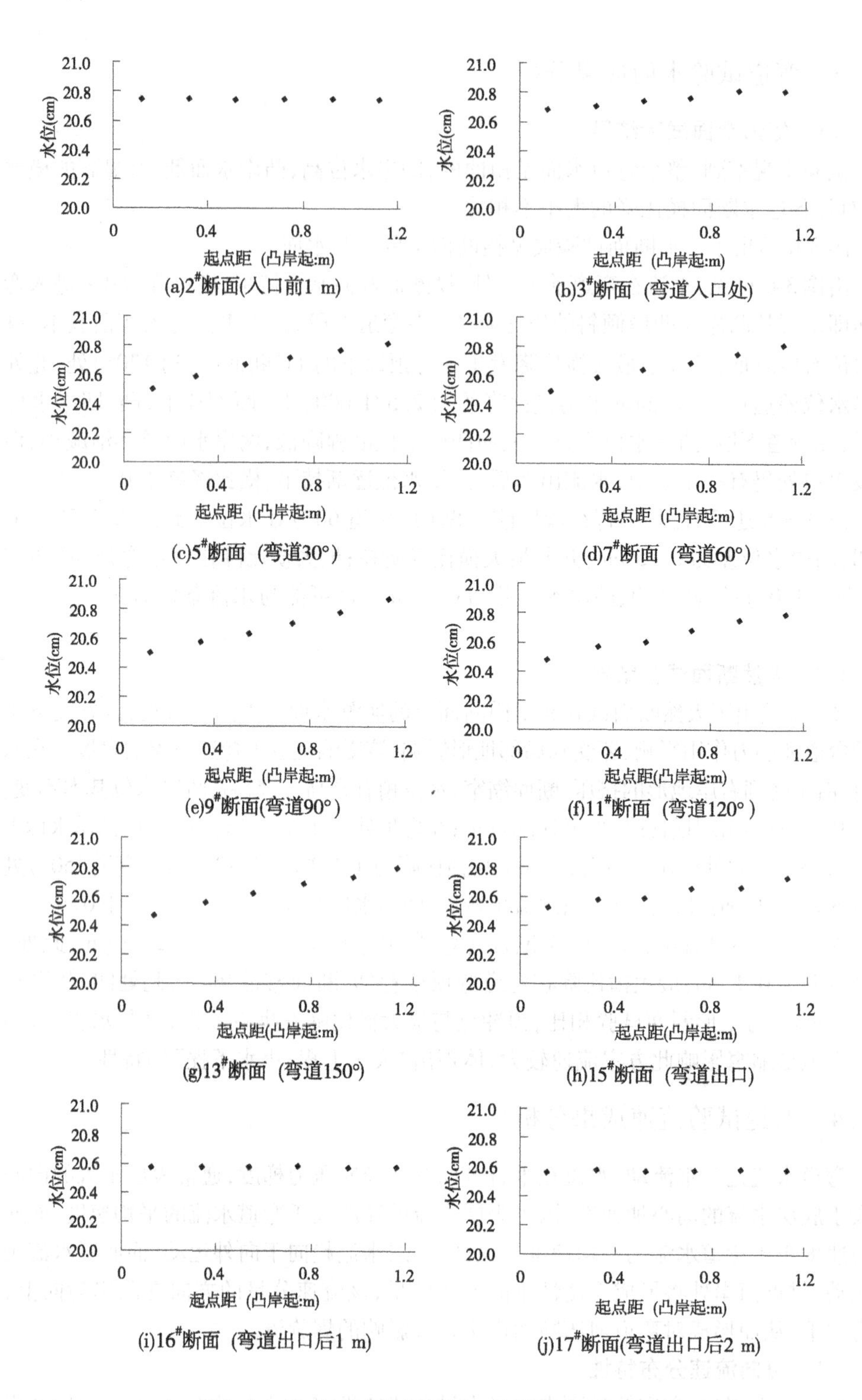

图 3-6　矩形断面试验典型断面上的实测水面

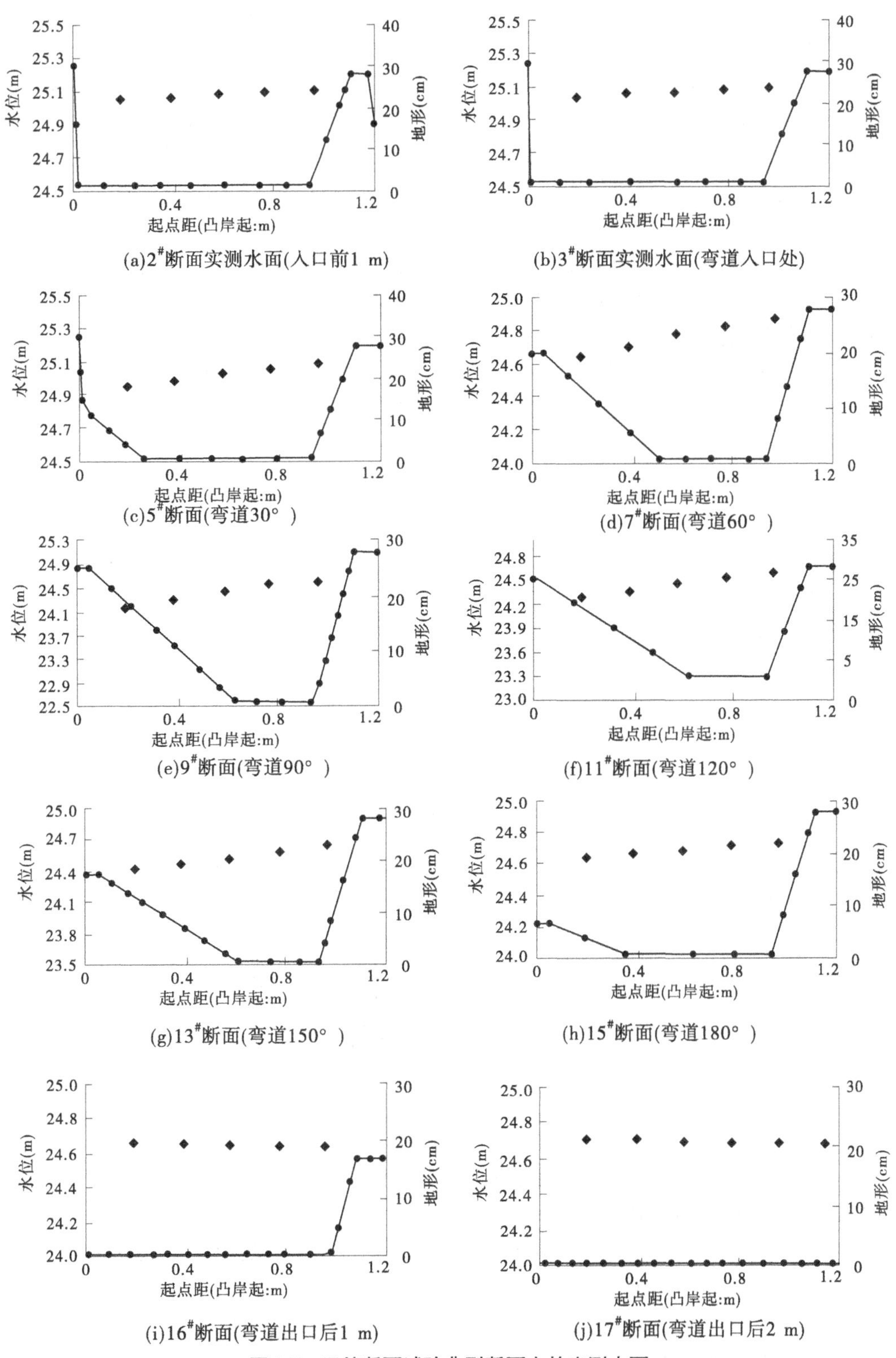

(a)2#断面实测水面(入口前1 m)

(b)3#断面实测水面(弯道入口处)

(c)5#断面(弯道30°)

(d)7#断面(弯道60°)

(e)9#断面(弯道90°)

(f)11#断面(弯道120°)

(g)13#断面(弯道150°)

(h)15#断面(弯道180°)

(i)16#断面(弯道出口后1 m)

(j)17#断面(弯道出口后2 m)

图 3-7　天然断面试验典型断面上的实测水面

图 3-8 和图 3-9 分别为矩形断面和天然断面试验的底层、表层纵向流速分布图。通过弯道试验观测及纵向流速分布，可得到以下认识：

（1）纵向流速沿河宽分布规律。自入弯开始，凸岸侧流速增大而凹岸侧流速减小；至某一位置后，出现反向的调整，最大纵向流速向凹岸转移，此后直至出弯后相当长的一段距离内，最大流速依然紧贴凹岸。对于天然断面而言，水流不但受到弯道河岸形态作用，还受到河床地形的局部挤压作用，尽管纵向流速相对复杂紊乱，但弯道水流的基本特性仍然非常明显，符合弯道水流的基本运动规律。

（2）纵向流速沿程分布规律。流速分布受过水断面形状及其纵向变化、边壁粗糙程度、因弯道离心力而中泓偏离等因素的影响，呈现复杂的三维流动。纵向流速沿程分布在凸岸一侧呈现出流速先增大后减小的趋势，而凹岸一侧则完全相反。

（3）纵向流速垂线分布规律。试验数据进一步表明，底部流速较表面流速为小，且上下流向存在一定偏差，即在进口段表层流速偏向凹岸、底部流速偏向凸岸，出口段有反向调整趋势。

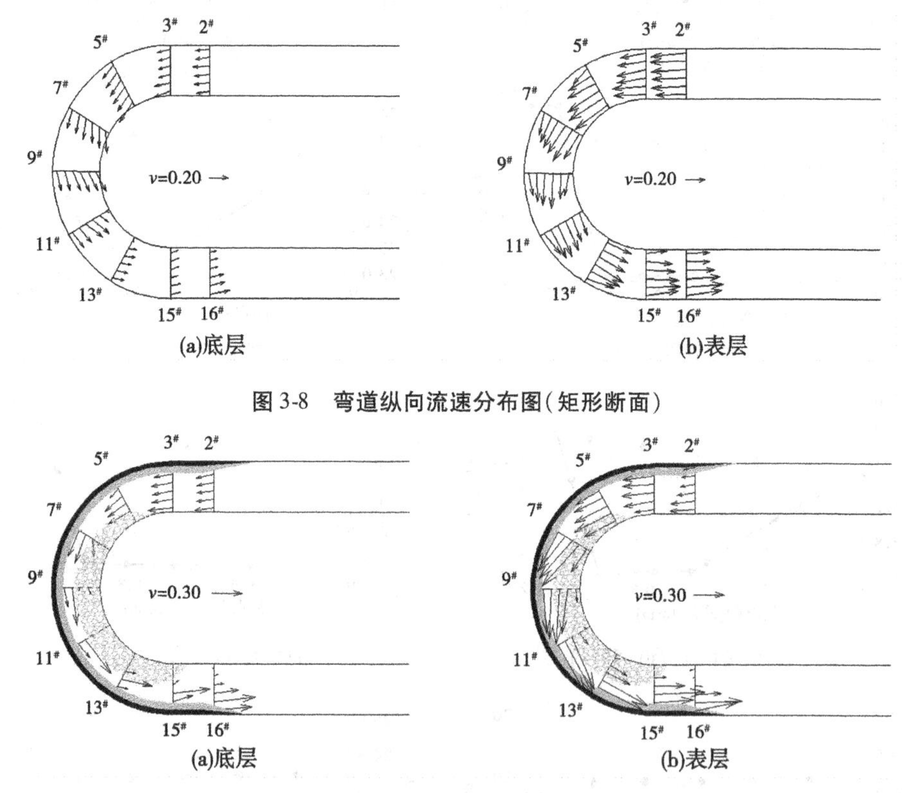

图 3-8　弯道纵向流速分布图（矩形断面）

图 3-9　弯道纵向流速分布图（天然断面）

3.1.4.2　横向流速分布特性

图 3-10 为矩形断面试验典型断面上的横向流速分布图。从图中可以看出，在水流入弯前出现整体指向凸岸的流速，至 30°断面处环流开始出现，弯道 60° ~ 120°范围内环流已经较为明显；在过顶冲点后，流场较为紊乱，有出现反向环流调整的趋势，至出弯后一段距离内依然存在整体指向凸岸横向平衡性流速，进行水面调整。

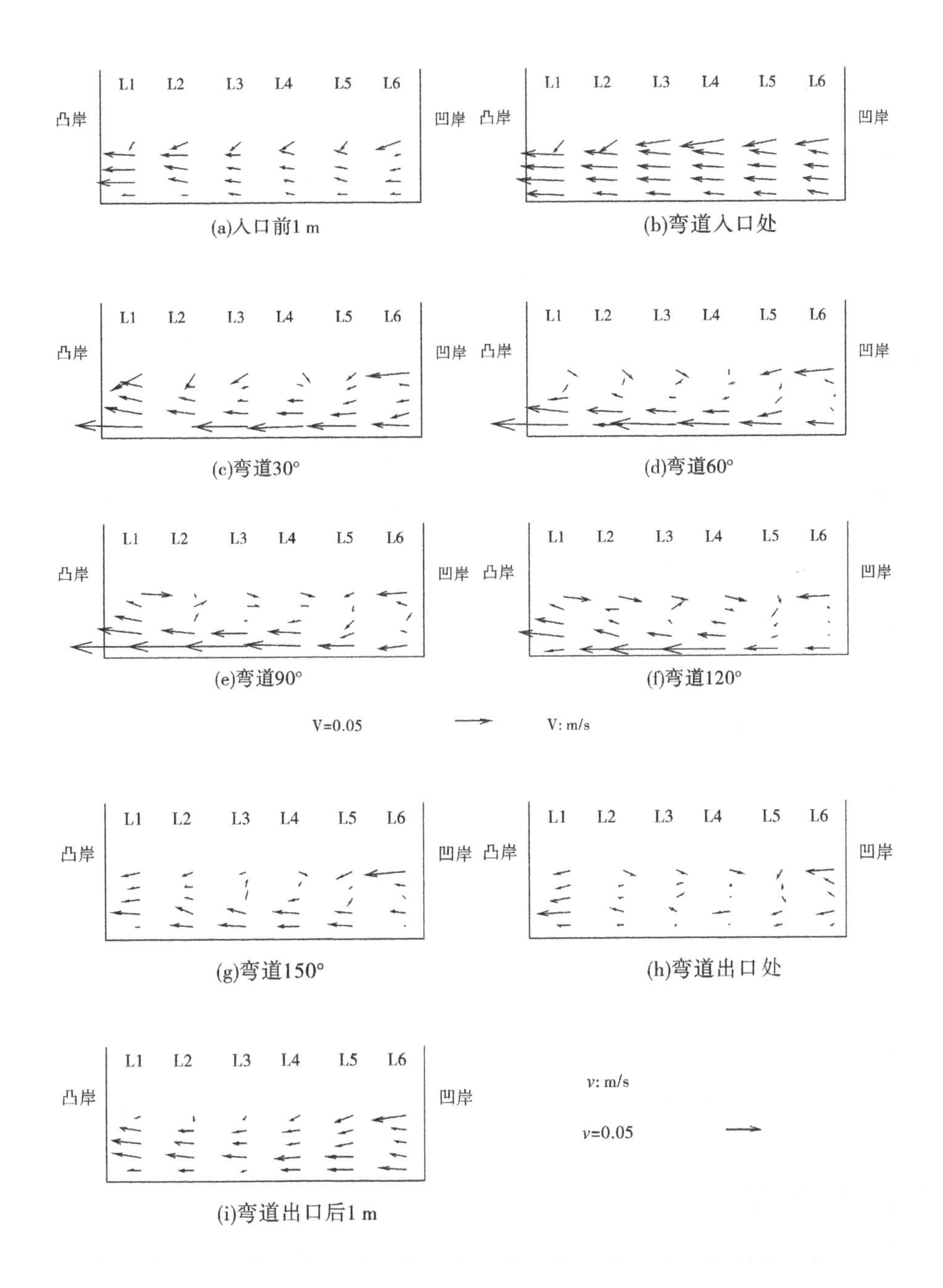

图 3-10 矩形断面试验典型断面上的横向流速分布图

图 3-11 为天然断面试验典型断面上的横向流速分布图。从图中可以看出,水流不但受到弯道河岸形态作用,还受到河床地形的局部挤压作用,尽管纵向流速相对复杂紊乱,但弯道水流的基本特性仍然非常明显,符合弯道水流的基本运动规律。

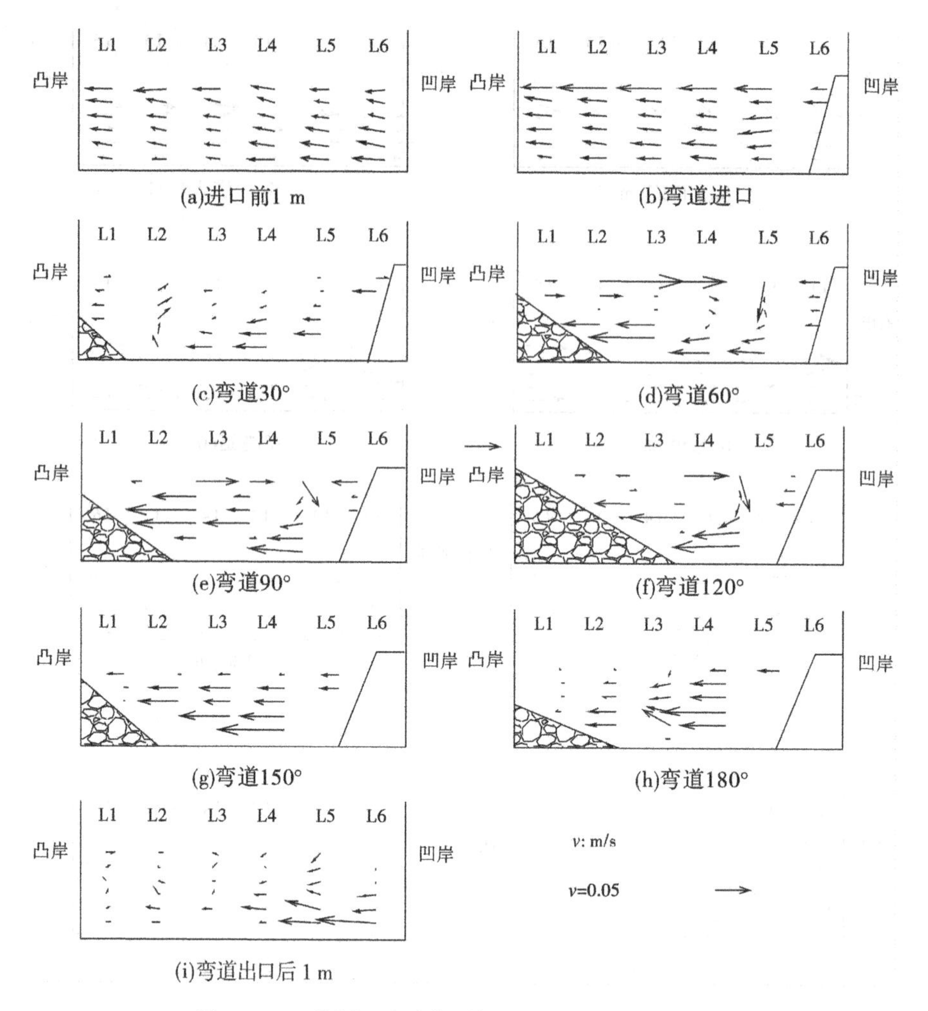

图 3-11　天然断面试验典型断面上的横向流速分布图

3.2　三维水流数学模型计算结果验证与分析

3.2.1　水面验证分析

图 3-12 和图 3-13 分别为矩形断面和天然断面时的计算水面图。由图 3-12、图 3-13 可以看到,整个弯道水面是扭曲的,凹岸的水位线是一条上凸的曲线,而凸岸的水位线是一条下凹的曲线;在横断面上凹岸水位高,凸岸水位低,有显著的横比降存在,而且各过水断面横比降的大小不相等,在弯道弯顶偏后位置横比降达到最大。

图 3-14 给出了天然断面时典型断面上的计算结果与实测值的对比,可以看出,模型可以较好地模拟出弯道自由水面的形态特性,但个别点存在一定误差。

3.2.2　分层流场验证分析

图 3-15 和图 3-16 为计算得到的矩形断面和天然断面底层、表层流场图。从图 3-15、

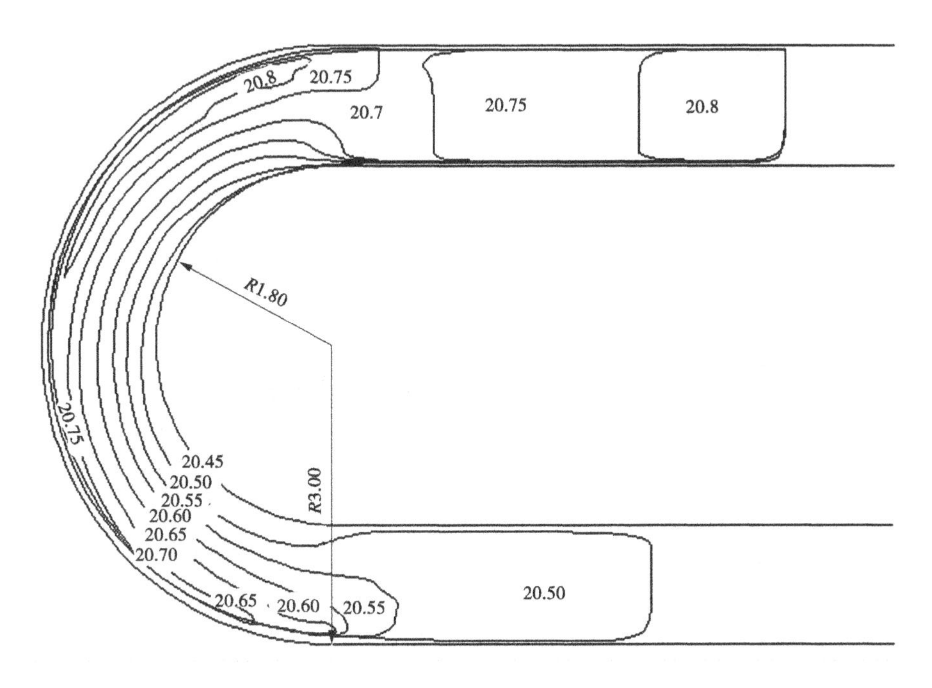

图 3-12　三维模型计算水面等值线图(矩形断面)　(单位:cm)

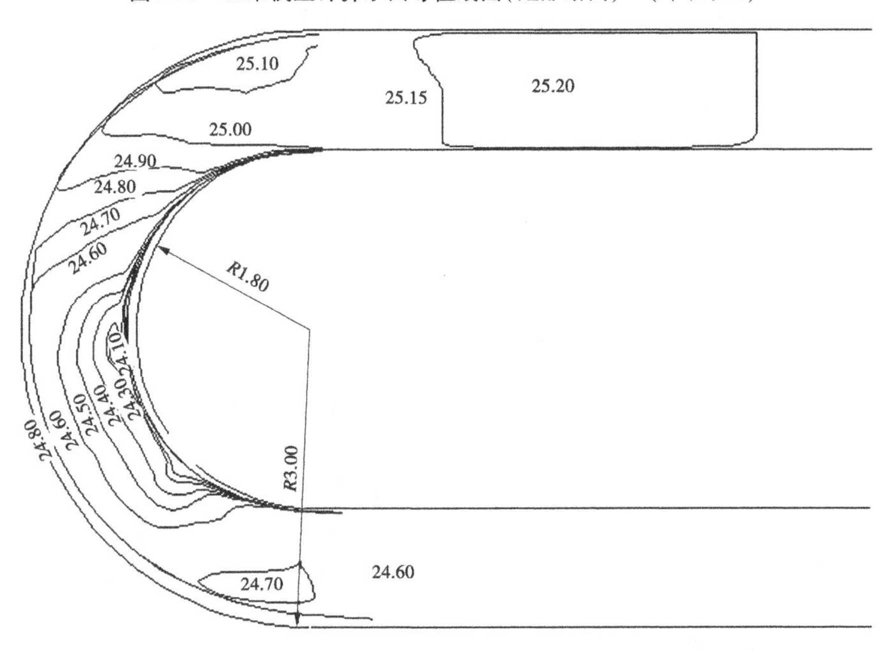

图 3-13　三维模型计算水面等值线图(天然断面)　(单位:cm)

图 3-16中可以看出,矩形断面时,弯道纵向流速分布沿程、横向均不断发生改变,断面最大纵向流速在进入弯道之前就离开了它的正常位置而偏向弯道的凸岸,在弯道 90°处回归渠道中心,此后逐渐摆向凹岸,至出弯后仍然靠近凹岸,经相当长的距离逐渐恢复至正常位置。另外,比较底层、表层流的流场,可明显看出底层流速偏向凸岸,而表层流速偏向

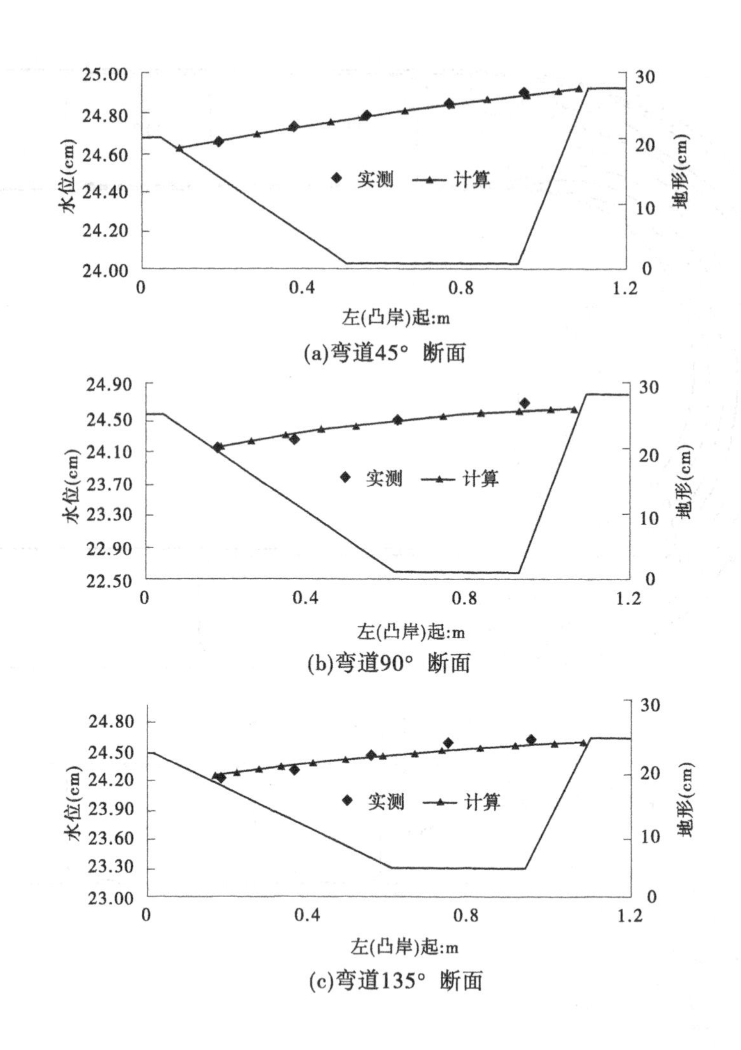

(a)弯道45° 断面

(b)弯道90° 断面

(c)弯道135° 断面

图 3-14 三维模型计算与实测水面对比(天然断面)

凹岸,定性来看计算结果比较合理。天然断面时,断面形态影响促进了弯道环流的发展,弯道水流的特性表现的更为明显。

另外,从底层流场可以看出在进口处一段距离内流速有所减小,这是由于给定的进口流速条件(流速垂线分布)与近底处理模式(床面阻力)不匹配在紊动黏性系数作用下造成的流速调整。可进一步探讨不同的进口边界条件及近底处理模式下的进出口流速调整情况。

图 3-17 给出了天然断面时纵向流速计算结果与实测值的对比。

从计算结果与试验结果比较可以看出,模型可以较好地模拟出弯道纵向流速的分布特性。个别点存在一定差别,主要表现有两个方面:一是为实测流速间断性较强,计算流速则较为光滑;二是近壁处的计算流速与实测流速差别较大。这是由试验时水流的扰动及边壁反射等因素造成的。

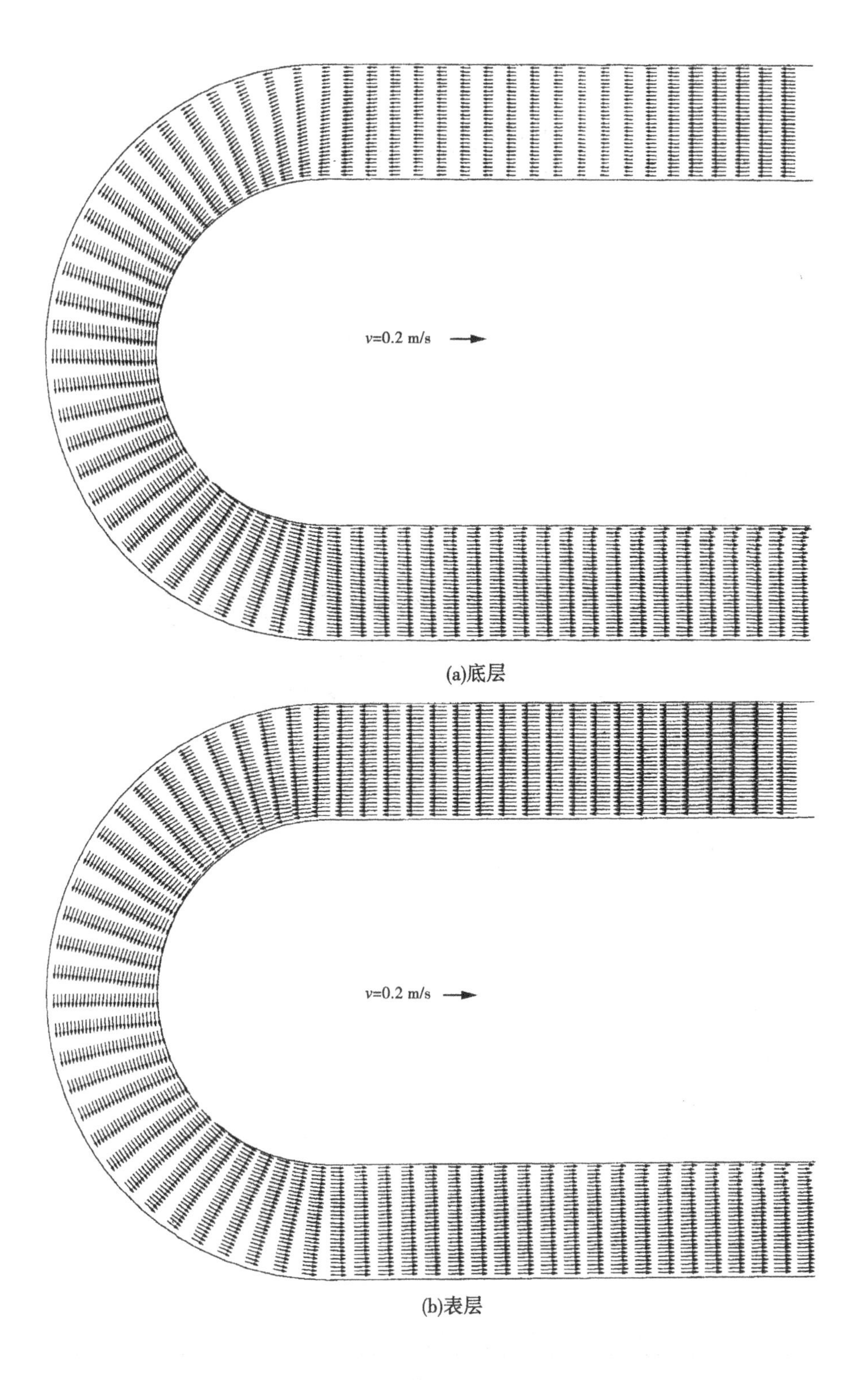

图 3-15　三维模型计算分层流场图(矩形断面)

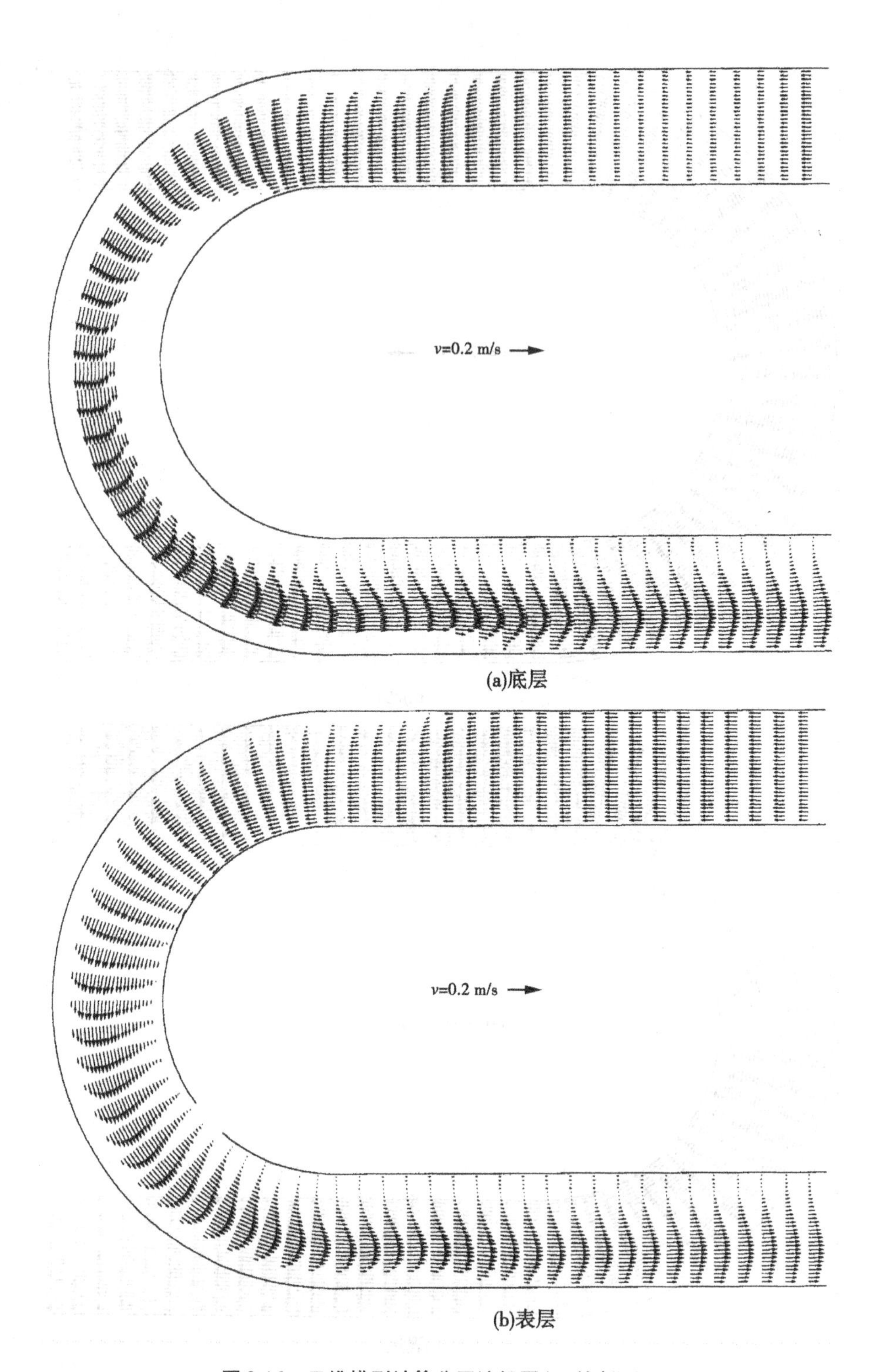

图 3-16　三维模型计算分层流场图（天然断面）

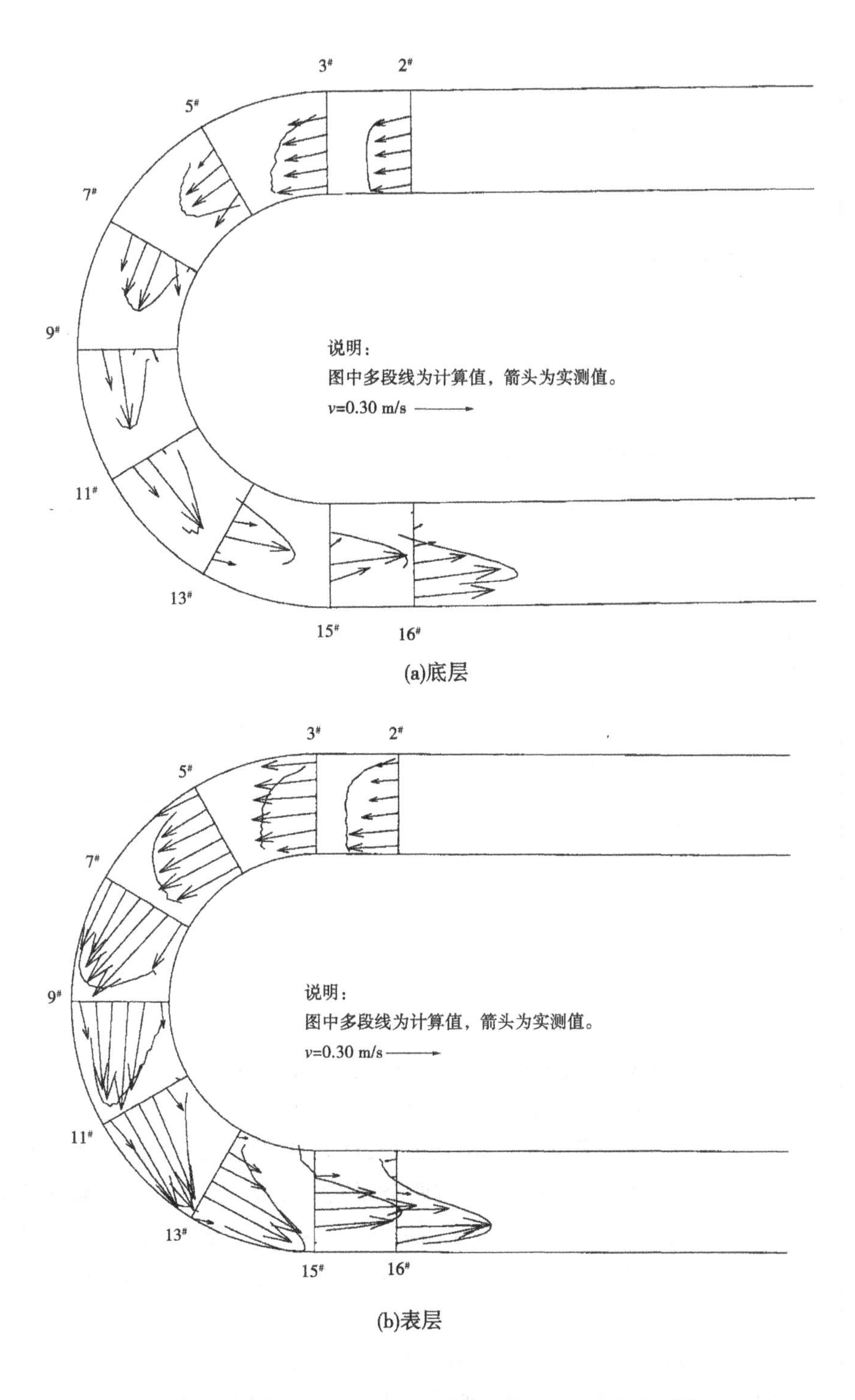

图 3-17　三维模型计算与实测的纵向流速对比（天然断面）

3.2.3 横断面环流验证分析

图 3-18 为计算得到的矩形断面方案典型断面上横向环流流场图。

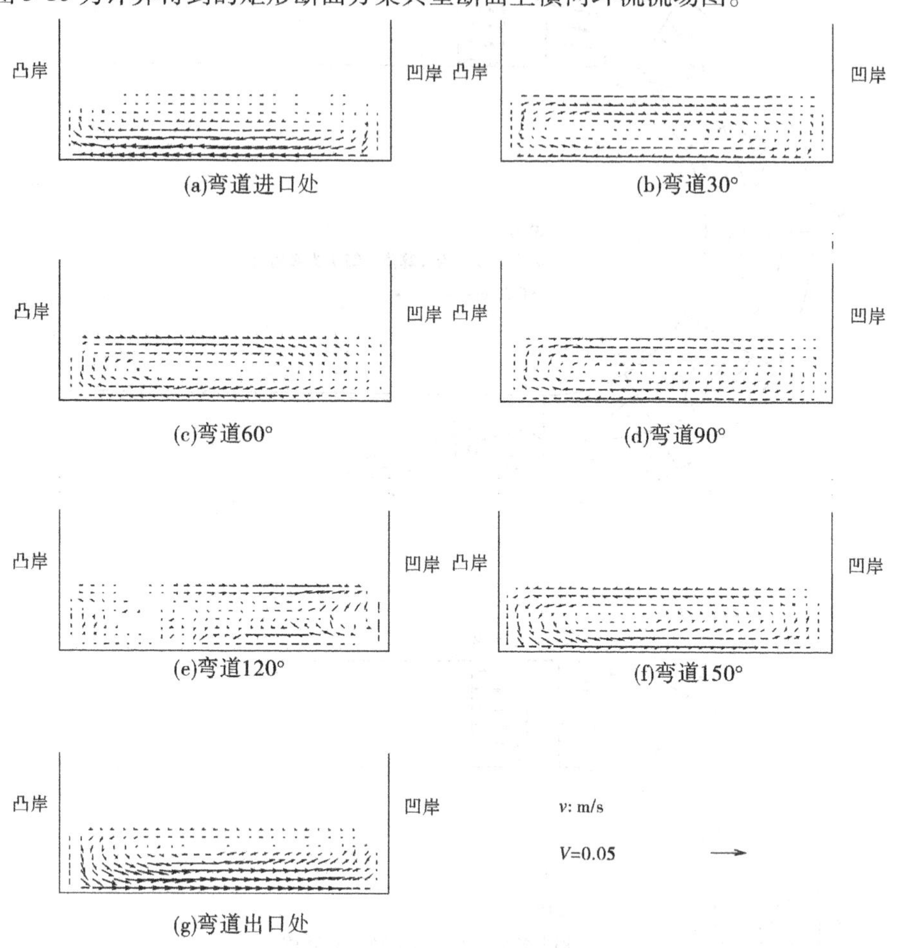

图 3-18　三维模型计算横向环流流场图(矩形断面)

由图 3-18 可以看出:水流在刚进入弯道时,水流受到凹岸挤压,整个断面具有指向凸岸的流速,还未产生环流;水流至弯道 30°断面处,已有表层指向凹岸、底层指向凸岸的环流产生;至弯道 120°处,环流较为紊乱,出现两个环流中心,此后,水流主流从开始由凹岸向断面中心回归,出现反向调整环流(表层指向凸岸、底层指向凹岸),在弯道出口处,环流仍具有一定的强度;另外,比较各断面的环流中心可发现,沿程环流中心有从凸岸向凹岸摆动的趋势。

图 3-19 为矩形断面时横向流速的计算值与实测值对比图。

从图 3-19 中可以看出,模型能较好地模拟出弯道横向环流的发展趋势及特性,个别点存在一定误差,甚至定性不符,这是由于一方面试验水流的横向流速受水流紊动性、随机性的影响,靠近河岸的测点受边壁反射影响。

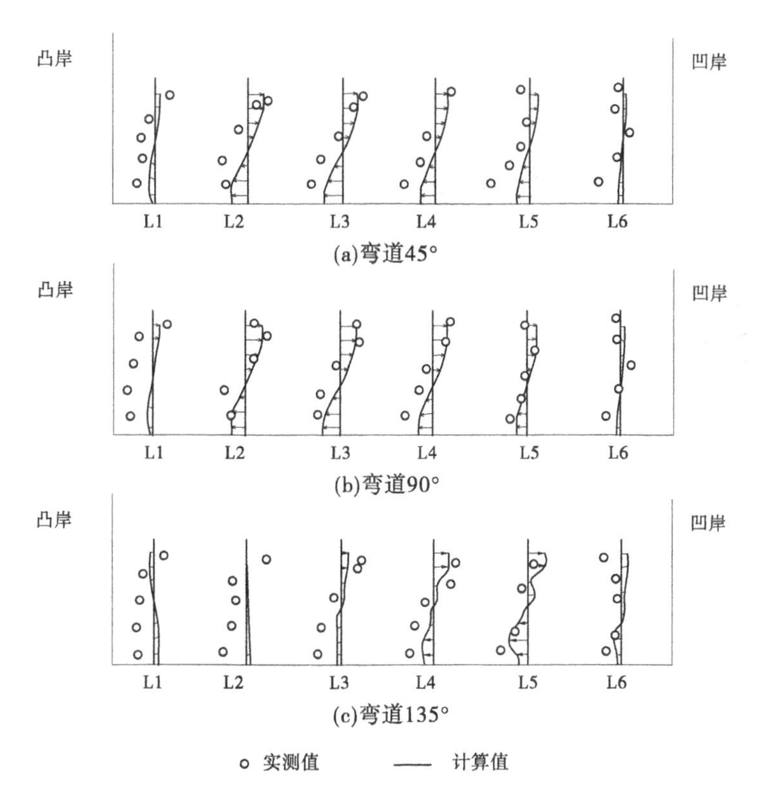

图 3-19　三维模型计算值与实测值的横向流速对比图(矩形断面)

3.3　二维水流数学模型计算结果与分析

本节主要分析水深平均二维模型(浅水二维模型)及沿水深积分的弯道修正二维模型的预测效果及适用性。

水深平均二维模型中忽略流速垂向分布不均,阻力按通常阻力公式 $\tau_b = g\frac{n^2U^2}{H^{1/3}}$ 计算;水深积分模型中,流速分布采用表 1-2 中 Vriend 公式计算,阻力按 1.2.2.1 中所述方法确定,水流紊动黏性系数按 $k—\varepsilon$ 两方程模型计算。

3.3.1　水深平均二维数模计算结果分析

图 3-20 和图 3-21 分别为水深平均二维模型天然断面时的计算流场图和典型断面计算值与实测值对比图。

从图 3-20 可以看出,入弯前顺直段流速均匀平顺,入弯后水流受断面地形和弯道河岸影响主流向凸岸偏移,凸岸流速稍有增大;过弯顶后主流沿主槽下行,至出弯后一段距离,流速依然是中间大、两边小。定性来看不尽合理。

从图 3-21 可以看出,水流顶冲点以前模拟较好,实测值与计算值差别不大;过弯顶后,实测流速凹岸较大,凸岸较小,此特性保持至出弯一段距离,但从计算结果来看,计算主流沿河道几何中央下行，计算值与实测值结果差别很大。

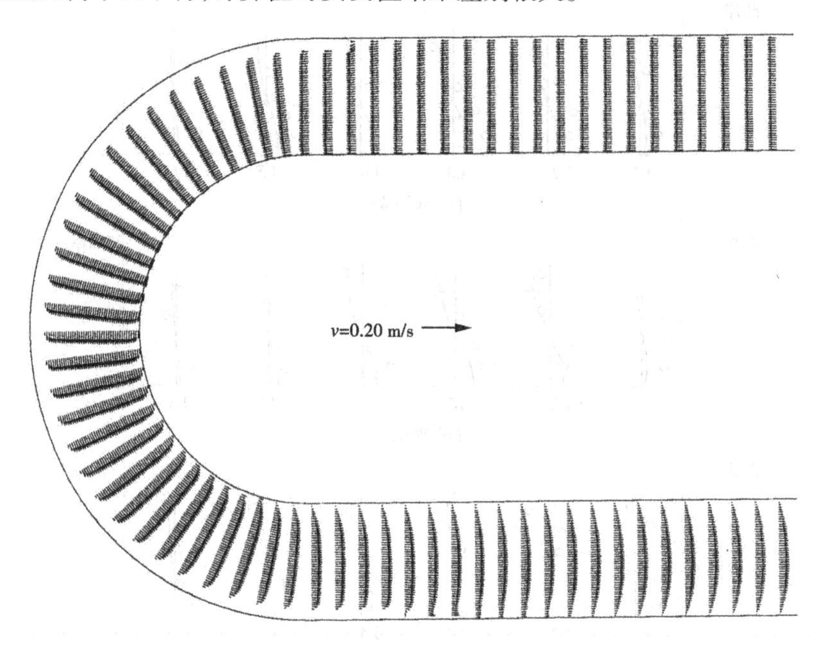

图 3-20　水深平均模型计算流场图(天然断面)

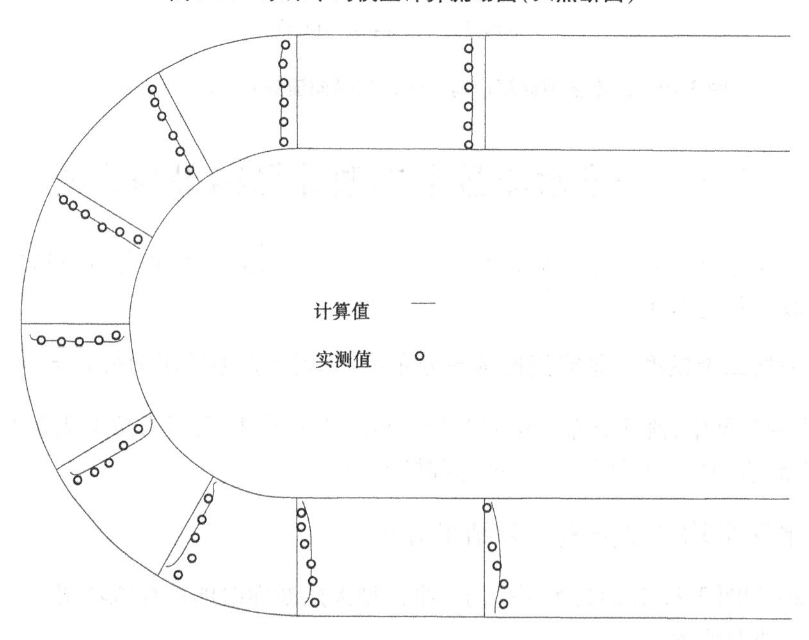

图 3-21　水深平均模型计算值与实测值对比图(天然断面)

3.3.2　弯道修正二维数模计算结果分析

图 3-22 为弯道修正二维模型天然断面时的计算流场图。从图 3-22 中可以看出，弯道前顺直段流速均匀平顺，入弯后水流受断面地形和弯道河岸影响主流向凸岸偏移，凸岸流

速偏大;过弯顶后主流向凹岸转移,凹岸流速偏大,至出弯后一段距离,主流依然偏靠外岸。定性来看基本合理。

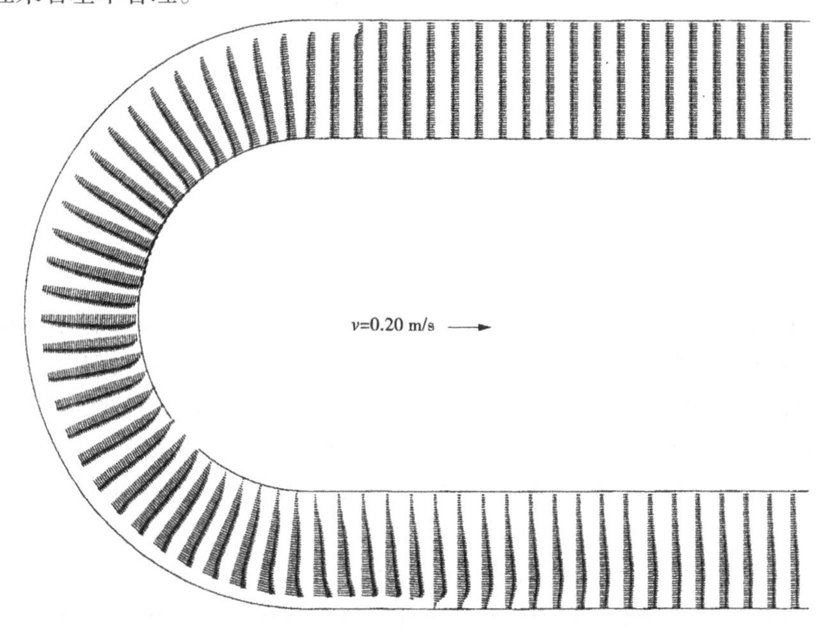

图 3-22 弯道修正二维模型计算流场图(天然断面)

图 3-23 为弯道修正二维模型天然断面时的典型断面计算值与实测值对比图。从图中可以看出,水深积分二维模型与实测流速较为接近,比水深平均二维模型计算结果有所改善。

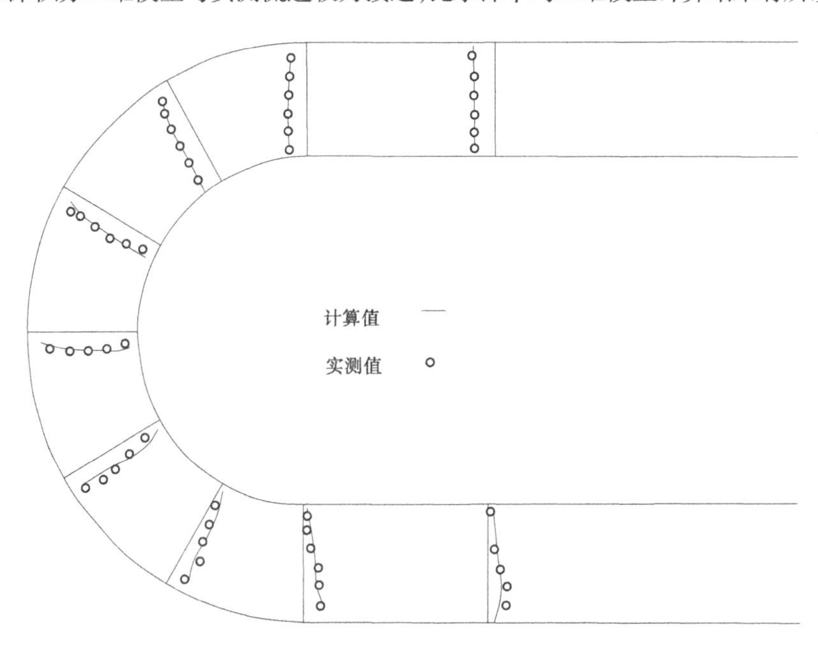

图 3-23 弯道修正二维模型计算值与实测值对比图(天然断面)

3.4 小　结

本章主要内容包括以下几点:

(1)为研究弯道水流特性及检验数学模型,采用 ADV 流速测量仪器测量了天然断面和矩形断面方案下的弯道水流流速结构。通过数据整理,得到弯道水面形态,平面分层流场及横向环流流场,矩形断面弯道水槽试验揭示弯道水流运动的基本规律,定性了解弯道水流结构,分析横向环流的形成、发展;天然断面弯道水槽试验可了解天然河流的弯道水流特性,它受到弯道河岸和断面局部地形双重影响。

(2)本章在前述数学模型的基础上,编制计算程序进行计算,将数学模型计算结果与水槽试验比较验证,对比结果显示不同模型的计算结果和实测值相近,但也存在一定差别。具体来说,三维水流数学模型可基本揭示弯道水流的运动规律,模拟结果相对较好,但工作量较大,计算耗时长;常用水深平均二维水流模型计算方便,简单易行,在模拟弯道水流时差别较大,很难真实地揭示出弯道水流的基本运动规律;考虑弯道水流流速垂向分布不均的水深积分二维模型在一定程度上可较好地模拟出弯道水流的流速分布特性,工作量和计算耗时与水深平均二维模型相差无几,但无法给出详细的环流分布特性。

(3)在需详细了解水流细部结构时,要使用三维水流模型;当进行长系列大范围的计算,又对计算精度要求相对不高时,可采用水深积分二维模型;对于弯道水流来说,水深平均二维模型失真较为严重。

第4章 河床粗化及弯道冲刷试验研究

本章第一部分基于以往研究成果和试验资料，从理论上分析泥沙分级起动规律、河床粗化过程及动态保护层的形成与破坏；第二部分利用弯道水槽进行冲刷试验研究，揭示弯道泥沙输移、含沙量分布、河床变形及床沙级配变化等特性规律；第三部分结合理论分析及前人研究成果，进行河湾形态变化试验研究。

4.1 河床粗化

4.1.1 河床粗化概述

在水流输沙能力大于供沙量、床面泥沙发生选择性输移（即部分动输移或分选输移）情况下，较细颗粒有机会被冲刷下移，而较粗颗粒则留在床面基本不动，致使床面在下切的同时组成物质不断变粗，最终将形成以不动粗颗粒为主体的粗化稳定结构，即所谓粗化保护层，以限制河床持续侵蚀。若水流强度增大，则可动沙粒径范围扩大，粗化层中又有部分较细颗粒冲刷下移，并形成新的级配更粗的粗化层，直至出现极限粗化层或临界粗化层。在非均匀沙特别是由卵石组成的河流中，粗化层现象颇为常见，而在水库下游清水冲刷情形下最为典型。

关于河床粗化问题，早期的研究主要着眼于粗化层形成冲刷深度和粗化层级配的计算。嗣后发展到探索粗化层发育过程中冲深、级配及不平衡输沙率随时间的变化规律。早在1934年，工程界就注意到河床粗化问题[1]，并在20世纪50年代展开研究。但由于问题涉及许多不确定的影响因素，加之各研究者的侧重点不同，研究者提出过各种各样的方法，各有特色。最早用水槽试验研究河床粗化的是Harrison[2]和Киороз[3]，他们的试验都发现粗颗粒的覆盖不需要完整的一层，粗化过程即可完成。尹学良[4]对永定河官厅水库下游实地调查和水槽试验研究也证实了这一结论，同时对沙质河床粗化现象、原因和影响进行了试验与分析，从而对河床粗化层的形成和特性有了进一步的认识。

对于冲刷条件下床沙运动模式存在着不同的观点：一种认为床沙表层中小于可动粒径 d_c 的泥沙将全部冲刷外移，大于可动粒径的泥沙则全部留下来与下层还没有冲刷的床沙组成新的床沙与水流抗衡；另一种认为小于起动粒径的泥沙并不是全部起动，而是有一部分停止在床面不动。前一种观点与实际情况并不完全相符，实践和试验表明，小于 d_c 的颗粒并非全部被冲刷他移，而是较细的颗粒部分被粗颗粒隐蔽而存留下来；对于后一种观点，Gessler提出了计算泥沙停止在床面上不动的概率[5]，但他的方法存在两方面不足：其一，当水流切应力接近无穷大或远大于临界切应力时，标准化后其积分上限趋于一个常量，对某一级泥沙来说，不论水流切应力有多大，则至少有一定比例的泥沙颗粒仍然停留在床面上，这与实际情况有出入；其二，起动概率与临界切应力在计算时相互嵌套，且切应力用均匀沙公式计算。

对于冲刷条件下冲深与级配变化的预测方法,很多人进行了研究[6-16]。韩其为等人提出了卵石和卵石夹沙河床粗化粒径级配计算的单步及多步计算式;秦荣昱等[7,8]的方法考虑了小于起动粒径的泥沙颗粒停留在床面上不动的概率,并提出了采用单步及多步模式计算粗化层粒径级配的计算式;冷魁[9]提出了另一种采用多步计算粒径级配的方法,他认为冲刷粗化是分层进行的,在每一层的冲刷粗化过程中,水力因子保持不变,各层的厚度相等,在此条件下提出了水位不变时,河床粗化稳定层的级配计算式。

4.1.2 粗化过程及泥沙起动规律

4.1.2.1 冲刷过程中床沙粗化机理

当河道上游来水来沙条件改变引起河床冲刷时,河底高程和水位都将随着冲刷的进行而降低,但河道冲深比水位降低要快,因此随着冲刷的发展,水深不断加大,流速逐渐减小,水流的冲刷能力逐渐降低。当河床组成为均匀沙时,不存在粗化现象,河床冲刷只有当水流强度达到或低于床沙的起动条件时才会停止。粗化是非均匀沙河床发生冲刷的产物,粗化层的形成可以大大减小河床的冲刷深度,这主要是因为床沙粗化后改变了表层的床沙组成。在相同的水流条件下,河床组成不同所能起动的最大粒径往往存在很大差别,对于某一确定的水流条件,河床组成愈粗,其起动粒径就愈小。由此可见,随着粗化的进行,一定水流条件下的起动粒径是逐渐减小的。

当表层泥沙的抗冲能力达到或大于水流的冲刷能力时,冲刷停止,河床粗化完成。虽然此时水流强度大于粗化层下细颗粒泥沙的起动条件,但由于受到粗化层的保护作用而不能起动,这就是粗化作用影响。实际上,泥沙的起动总是反映一定的颗粒运动强度或运动状态的概率。有人认为:由于隐蔽作用,在一定的水流条件下,并不存在某一明确的临界粒径,使小于这一粒径的泥沙都处于运动状态,而大于这一粒径的泥沙都处于静止状态。然而粗化隐蔽是一个非常复杂的问题,它涉及许多不定的未知因素。

非均匀沙某级粒径的临界可动条件不仅与水流条件有关,也与泥沙级配组成有关,还与床沙位置、粗化程度有密切的关系。刘兴年等[17]以一水槽试验为例,把宽级配的非均匀沙铺在床面上,放入流量 Q 的清水,清水冲刷床面至达到粗化稳定层形成,停水,然后放入同一流量 Q 的清水,则水槽中的床沙将会全部都不可动。而按同样级配重新铺在水槽中,并放入同样水流,则部分细沙会被起动他移。这就反映出同样水流条件和床沙级配下,由于床沙粗化程度(床沙位置特性)不同,产生的起动流速不同。

4.1.2.2 粗化过程中泥沙的起动规律

对于确定的非均匀沙河床,当水流强度太弱(流速为 u_0),床面根本无泥沙运动或仅有个别泥沙运动时,在一段时间内无论是输沙总量还是床面组成变化都不大;当水流强度太强(流速为 u_a)时,所有颗粒都被冲刷外移,此时床面粗化与否既与泥沙级配组成有关,还与床沙位置、粗化程度有密切的关系。如果级配分布较窄,所有颗粒都被冲刷外移,水流分选作用不明显,河床被层层剥蚀,床面也不发生粗化。因此,对于一般的非均匀沙河床,发生粗化的水流条件是 $u_0 < u < u_a$。床沙的起动是床面粗化的开始,整个现象属于非恒定过程,可结合床面在冲刷过程中的粗化程度来研究非均匀沙的起动问题。在粗

化过程中，床沙组成、暴露度不断调整，直至床沙组成基本保持不变。晋明红[18]将泥沙起动分为前期阶段和后期阶段进行研究。

1. 前期阶段

河床床面相对较为平整密实，床面泥沙大量运动，输沙率很大，并出现明显的分选输移或选择性侵蚀，较粗颗粒基本不动，当细颗粒减少使其暴露度增加时，位置稍作局部调整以增大其稳定性。此阶段一般泥沙颗粒起动力学模式，如图 4-1 所示。

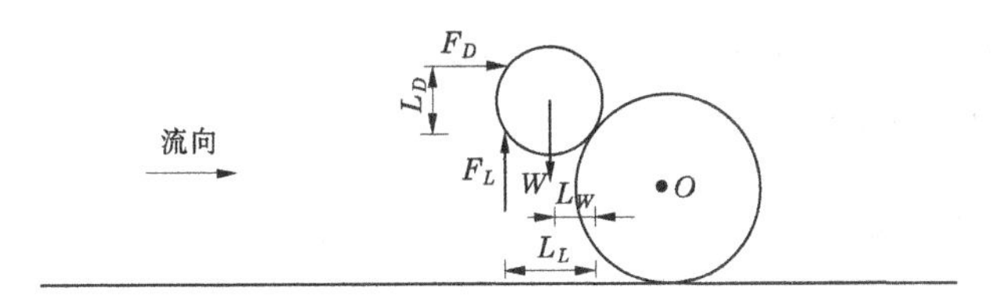

图 4-1 清水冲刷前期阶段泥沙起动力学模式

研究泥沙起动所采用的模式主要有滑动、滚动及跳跃三种，滚动属临界条件最低的模式。在该初始阶段，图 4-1 中若采用 O 点为转动中心，则表达沙粒起动临界条件的动力平衡方程为

$$L_D F_D + L_L F_L = L_W W \tag{4-1}$$

式中：F_D 、F_L 分别为水流作用于泥沙颗粒而产生的拖曳力和上举力；W 为泥沙水下重力；L_D 、L_L 和 L_W 分别为 F_D 、F_L 和 W 的力臂，可分别表示为 $K_1 d$ 、$K_2 d$ 和 $K_3 d$ ，d 为颗粒直径，K_1 、K_2 和 K_3 为系数。

将上述各力代入并整理得

$$u_{bc} = \left(\frac{2K_3 a_3}{K_1 C_D a_1 + K_2 C_L a_2}\right)^{\frac{1}{2}} \left(\frac{\rho_s - \rho}{\rho} g d\right)^{\frac{1}{2}} \tag{4-2}$$

式中：u_{bc} 为沙粒顶部近低处的瞬时流速。

由于作用泥沙的近底流速 u_b 在实际工作中不易确定，为了方便起见，通过假定垂线流速分布，可与水深平均流速 U 建立联系。

张瑞瑾起动流速判别公式为

$$U_c = \left(\frac{H}{d}\right)^m \left[17.6\frac{\rho_s - \rho}{\rho} d + 6.05 \times 10^{-7}\left(\frac{10 + h}{d^{0.72}}\right)\right]^{\frac{1}{2}} \tag{4-3}$$

2. 后期阶段

随着较细颗粒大量冲刷，床面降低，逐渐形成由较粗颗粒相互支承的稳定结构。在这一阶段细泥沙颗粒的起动，需考虑粗泥沙颗粒的隐蔽作用，通常有附加力法和等效粒径法两种考虑方法。

1）附加力法

对于床面群体颗粒中的某一确定沙粒，则在受力分析时还应考虑颗粒绝对位置与相对位置影响因素。关于颗粒间相对位置的影响，可以在前述拖曳力 F_D 、上举力 F_L 和重力 W 中加入修正系数，但通常单独列出一个附加力 N 来加以考虑。

关于附加力 N ，不同学者从各个角度提出了不同的计算方法。秦荣昱[7]提出，当起

动粒径 d_0 小于床沙最大粒径 d_{max} 时，与单颗粒比较，d_0 颗粒的起动要多承受一个床沙粗化作用所施加的阻力 R，这个阻力还包括颗粒间的接触反力及摩擦力，称为附加阻力，他近似地假定附加阻力 R 与非均匀沙的平均抗剪力 τ_c 成正比，即 $R = \varphi\tau_c\alpha d^2$；李荣等[19]通过分析提出了表示附加阻力的公式 $R = \varphi k_m(\gamma_s - \gamma)md_m\alpha d_0{}^2\eta$；何文社[20]通过对泥沙起动机理的探讨，认为对群体颗粒中的个体颗粒还应考虑如下的附加质量力 F_m，其表达式可定义为 $F_m = \xi\alpha_M(\gamma_s - \gamma)d_i{}^3\left(\frac{d_m}{d_i}\right)$，其中：$\xi$ 为与相对隐蔽度有关的系数；α_M 为与附加质量力相应的面积系数；d_i 和 d_m 为所研究的颗粒所在组粒径与平均粒径。此阶段泥沙颗粒起动力学模式如图 4-2 所示。

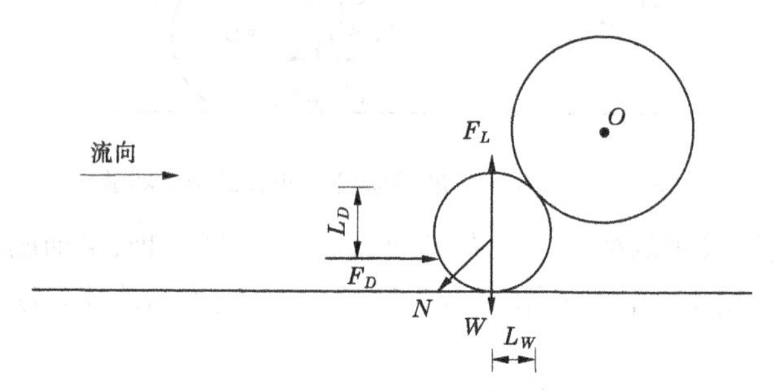

图 4-2　清水冲刷后期泥沙起动力学模式

至此，将前文提到的拖曳力 F_D、上举力 F_L、重力 W 与附加力 N（包括阻力 R 或附加重力 F_m）绕颗粒支点 O 列出力矩平衡方程如下：

$$F_DK_1d + F_LK_2d = WK_3d + NK_4d \tag{4-4}$$

式中：K_1d、K_2d、K_3d、K_4d 分别为 F_D、F_L、W、N 的力臂。

2）等效粒径法

等效粒径是指具有一定隐蔽度粒径为 d 的泥沙颗粒，它起动时的临界条件与某完全暴露粒径为 d_0 的泥沙颗粒相等，则称 d_0 为 d 在这种条件下的等效粒径。实际上是将具有一定隐蔽度的泥沙颗粒换算为完全暴露时的单个颗粒的粒径。在一定的水流条件下，不同粒径的泥沙颗粒由于具有不同的位置随机因素，而恰好都能临界起动，则可认为此不等粒径的泥沙颗粒的等效粒径是相同的，都等于另外某一完全暴露时临界起动的泥沙颗粒粒径。关于此种方法，只是理论上提出，具体应用还不成熟。

关于后期阶段泥沙颗粒起动流速公式，较有代表性的有秦荣昱[21]公式和谢鉴衡、陈媛儿[22]半经验公式。

秦荣昱公式：

$$U_c = 0.786\sqrt{\frac{\rho_s - \rho}{\rho}gd\left(2.5m\frac{d_m}{d} + 1\right)}\left(\frac{H}{d_{90}}\right)^{\frac{1}{6}} \tag{4-5}$$

式中：m 为非均匀沙的密实度系数，与非均匀度 $\frac{d_{60}}{d_{10}}$ 有关。

按照公式(4-5)，当 $d = d_m$ 时，取 $m = 0.6$ 所得起动流速与相同粒径的均匀沙起动流速接近相等。

谢鉴衡、陈媛儿半经验公式：

$$U_c = \psi \sqrt{\frac{\rho_s - \rho}{\rho} g d \frac{\lg \frac{11.1H}{\varphi d_m}}{\lg \frac{15.1d}{\varphi d_m}}} \tag{4-6}$$

式中：$\varphi = 2$，$\psi = \frac{1.12}{\varphi}(d/d_m)^{\frac{1}{3}}\left(\sqrt{\frac{d_{75}}{d_{25}}}\right)^{\frac{1}{7}}$，前者主要反映粗颗粒对当量糙度的影响，后者则除反映当量糙度影响外，还反映床沙非均匀度的影响。由于当 d/d_m 较大时，$(d/d_m)^{\frac{1}{3}}$ 与 $\left(\sqrt{\frac{d_{75}}{d_{25}}}\right)^{\frac{1}{7}}$ 之比较大。因此，这一公式能反映非均匀沙起动的特点，即粗颗粒受暴露作用的影响，相对较易起动；而细颗粒则受隐蔽作用影响，相对较难起动。当 $d = d_m$、$d_{75} = d_{25}$、$\varphi = 1$ 时，式(4-6)即可用于均匀沙。

4.1.2.3 粗化后床沙级配变化

粗化层形成之后，床沙级配发生了显著变化。从级配来看，粗化后河床表面大于起动粒径 d_c 的颗粒数量有了很大的增加，而小于 d_c 的颗粒的存有量显著减小。图4-3(a)为尹学良在永定河上得到的野外观测资料和室内试验结果[23]，图4-3(b)为丹江口水库下游冲10断面的粗化层级配[24]。级配变化图表明，清水冲刷以后的河床级配曲线呈“躺椅”状，河床表层中缺乏中等粒径的颗粒，但含有较细颗粒，它们是受到粗化颗粒隐蔽影响而遗留下来的，因此认为小于起动粒径的非粗化颗粒均冲刷外移是不合理的。另外，这些位于粗化颗粒尾流区的细颗粒，由于大颗粒的存在，水流的紊动得以加强，这些细粒也就不十分稳定，一旦紊动上举力大于细颗粒的水下重力，就分跳出尾流区被冲走外移，因此认为那些粒径很细的颗粒会全部保留下来也是不合理的。由于粗化隐蔽作用十分复杂，目前尚无可用的资料来定量估计。但根据 Einstein 的研究，在小于起动粒径的细颗粒中，存在着一个能受到粗颗粒隐蔽作用的最大粒径 d_a，介于起动粒径 d_c 和 d_a 之间的颗粒将受不到粗颗粒的隐蔽作用。在粗化层形成后，部分细颗粒被起动外移，也使得粗颗粒的暴露度进一步增加，颗粒附近水流的紊动得以加强。

4.1.3 动态保护层的破坏

在一定的水流条件下河床经过冲刷后形成的粗化层具有较为稳定的堆积结构，在山区河流的河床常常可见到床面卵石的排列成藏头露尾的鱼鳞状。这种排列方式比卵石散乱堆积要难起动，但并非一定不能起动外移，在一定的水力条件下形成的粗化层往往被更强的水流条件所破坏。其中，表层大颗粒先起动，随后受粗化层保护的下层较细颗粒得以暴露被水流大量带走。严格说来，只要水流强度大于粗化层形成时的水流强度，粗化层级配即遭破坏，但粗化层可能依然存在，经过一段时间后便形成新的粗化层。这种只改变粗化层级配的现象称粗化层的部分破坏。当水流强度大到恰好使粗化层最大粒径起动时，则粗化层全部冲刷，床面露出原始床沙，这种现象称为粗化层的完全破坏。粗化层部分破坏并形成新粗化层的过程存在一个极限。大于此极限后则出现全动输移，粗化层便不能

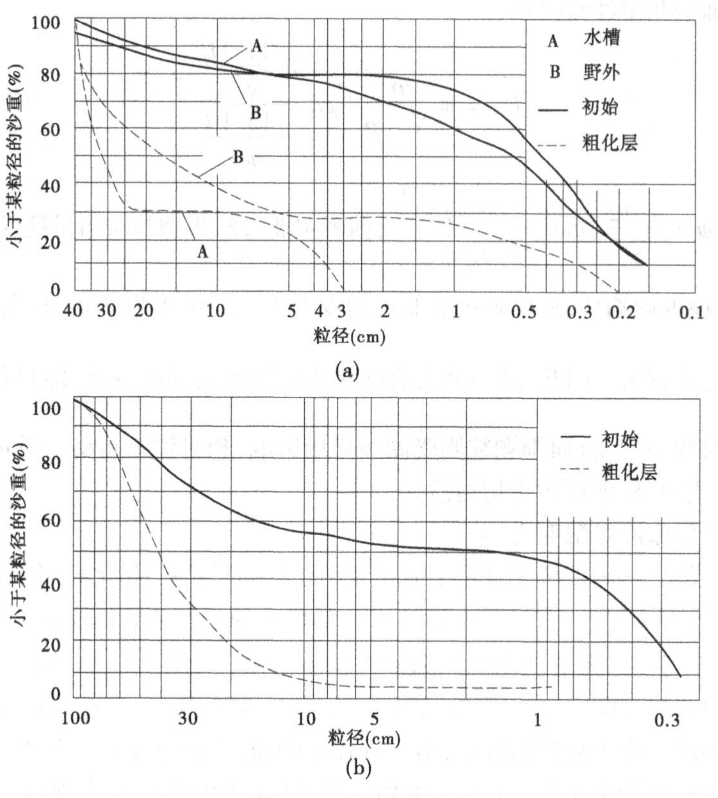

图 4-3　床沙级配变化

形成,此即临界粗化层。

动态保护层部分破坏及其再形成过程中,床沙级配会发生了明显粗化。其过程可描述如下:抗冲保护层的破坏往往在河床组成相对较细、颗粒结构比较松散的位置开始,然后范围逐渐扩大,当抗冲保护层之下的细颗粒泥沙得以暴露时,床面泥沙成片起动,输移强度显著增加,大颗粒往往与细颗粒一起起动输移,少见明显的分选起动现象。冷魁[9]水槽试验对动态保护层的破坏以及再形成的整个过程进行研究,级配变化见图 4-4。

所谓粗化层的完全破坏,实际上是在粗化层级配条件下,至少发生全动输移的现象。孙志林[25]认为这种现象可用非均匀沙分级起动规律来描述,其临界水力条件就是粗化级配条件下最大颗粒起动条件。

4.1.4　弯道泥沙起动条件及河床粗化过程

弯道河床泥沙颗粒的起动规律是由近底流速、床面切应力、床沙特性及河床形态共同决定的。河弯冲刷后的床沙粗度分布状况与水流流速大小的分布基本对应,即流速较大的地方床沙也就较粗,流速滞缓的地方床沙也就越细。

前已提到,弯道横断面一般呈不对称三角形,凹岸一侧岸坡陡深,凸岸一侧岸坡缓浅。弯道河床表面为斜面的,在泥沙的起动过程中,重力起着显著作用,对临界起动条件有一定影响,弯道床面泥沙的起动条件可参考斜坡上泥沙颗粒的起动特性来加以研究。

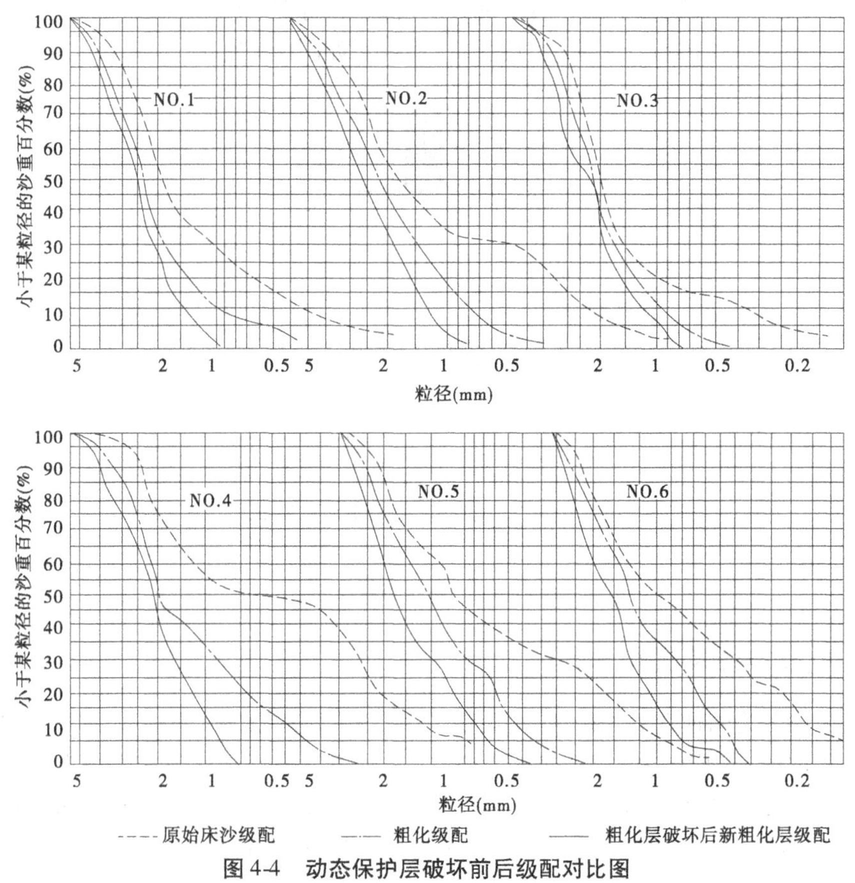

图 4-4　动态保护层破坏前后级配对比图

若令 U_c 为水平河床的起动流速，U'_c 为倾斜河床的起动流速，两流速存在如下关系：

$$U'_c = KU_c \tag{4-7}$$

其中

$$K = \sqrt{-\frac{m_0\sin\theta}{\sqrt{1+m^2}} + \sqrt{\frac{m^2 + m^2\cos\theta}{1+m^2}}} \tag{4-8}$$

式中：$m = \arctan\alpha$；α 为河床表面与水平面交角；m_0 为自然斜坡系数；θ 为流向与沙粒所在的斜坡水平线交角。

只要先求出水平河床条件下的起动流速，即可根据床面和水流条件求得斜坡上泥沙的起动流速。

关于弯道河床粗化，第 1 章中已有详细论述。

4.2　弯道水槽冲刷试验

4.2.1　弯道水槽泥沙试验概述

为探求弯道泥沙运动规律，在武汉大学弯道试验水槽中进行泥沙试验研究。弯道水槽宽 1.2 m，外径为 3 m，内径为 1.8 m。在弯道处平铺 12 cm 厚的天然河沙，为了使水流平顺稳定,在进口顺直段和下游顺直段铺2层砖,与沙等厚,砖块之间的空隙用粗沙填充,弯道与上下游顺直段以石子和粗沙过渡。材料布置如图4-5所示。

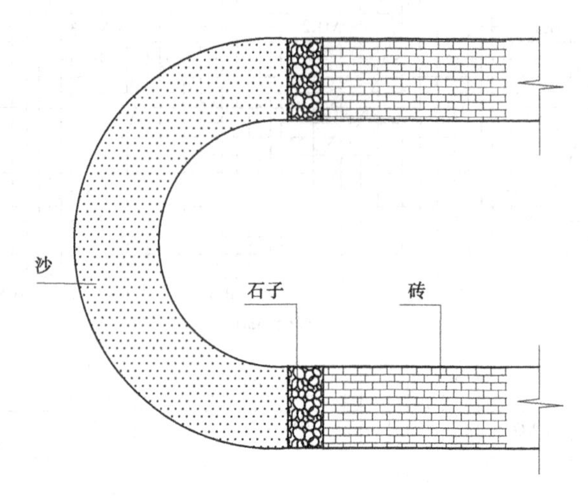

图4-5 材料布置图

4.2.2 试验条件及试验方案

本次试验分为两种方案:第一种方案为模拟弯道冲刷的发展发育过程,即弯道河床及断面形态变化过程,采用统一细沙,铺沙12 cm;第二种方案模拟天然河床下粗上细的床沙特性,选用混合沙,下层铺4 cm粗沙,上层铺8 cm细沙。细沙中值粒径为0.23 mm,粗沙中值粒径为0.93 mm,初始床沙级配曲线见图4-6。试验时流量控制在50 L/s左右,持续约5 h,相应下游水深约为15.00 cm,两种方案的试验条件见表4-1,施测断面布设图见图4-7。

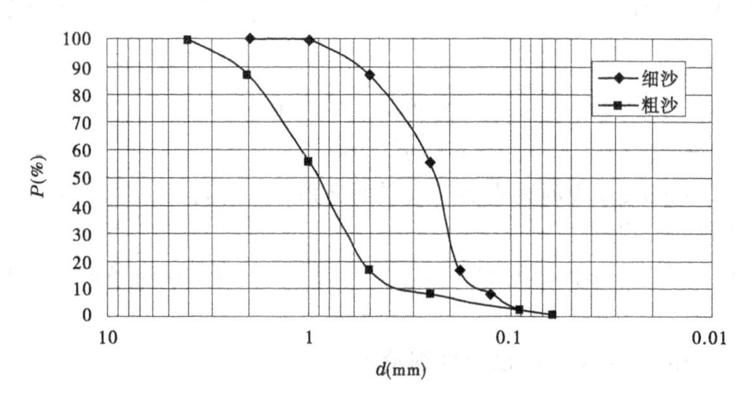

图4-6 初始床沙级配曲线

表4-1 试验方案相关数据

项目	方案	流量(L/s)	冲刷时间(h)
细沙	1	51.69	5.66
上细下粗沙	2	53.72	5.74

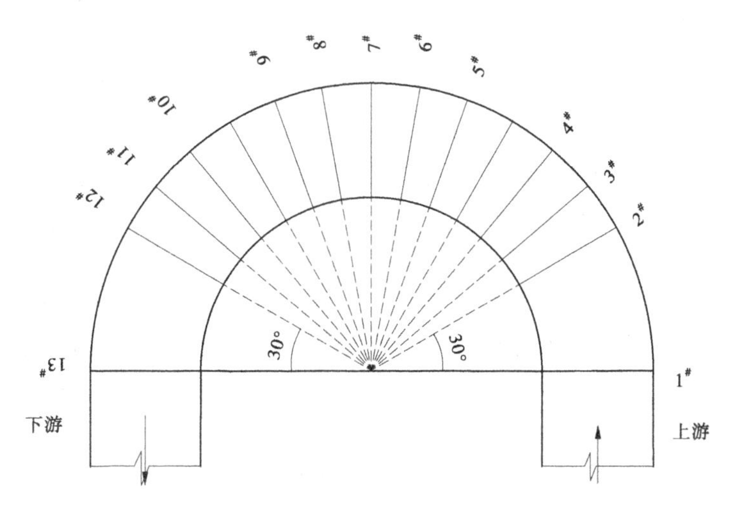

图 4-7　施测断面布设图

4.2.3　弯道冲刷试验现象描述

4.2.3.1　床沙起动描述

试验过程中观测到，随着水流强度的加大，非均匀沙的起动主要经过以下几个阶段：

(1)床面调整阶段，随着水流强度的增加，床面上一些暴露充分的颗粒逐渐由静到动，但这些颗粒在运动一段距离后就会停止下来。

(2)当水流强度继续增加，床面表层的个别颗粒已不能靠调整位置抵消水流作用力时，发生长距离输移。

(3)进一步增加水流强度后，床面上的细沙开始大量输移，并有少量中等粒径沙粒也开始运动。

(4)当水流强度足够大，床面上粗一级的泥沙也开始起动输移，泥沙开始大量输移。

4.2.3.2　输沙特性及河床冲淤描述

试验开始时，调整闸门控制水流强度，使床面泥沙由静止逐渐向个别动、少量动、普动过渡。由于本试验中床沙非均匀程度相对较低，且水深较浅，起动过程中粗细颗粒分级起动的现象并不明显，实际情况是粗细颗粒往往同时运动。随着水流强度的增加，一段时间后较粗的颗粒积聚在一起，床面粗细颗粒发生分离，在细颗粒积聚之处，床面的抗蚀能力减弱，泥沙大量冲刷外移，逐渐形成沙坑或沙涡，使床面看起来凹凸不平，沙波逐渐出现，在沙波充分发展时，其平面形态成新月形，波高可达几厘米。

试验中观测到，水中泥沙被水流紊动结构中的不同尺度旋涡挟带而悬浮，泥沙纵向运动速度与水流纵向流速基本一致。在弯道上段，弯道螺旋流开始出现，螺旋流将表层含沙较少、粒度较细的水体带到凹岸，并折向河底攫取泥沙，而后将这些下层含沙较多粒度较粗的水体带向凸岸，但此处纵向流速较大，泥沙颗粒被推向下游，尽管有横向输沙，并无明显淤积；在弯道中段，凸岸一侧横比降较大、环流强烈、纵向流速较小，泥沙开始淤积，而凹岸一侧转换为主流带，冲刷现象较为明显；在弯道下段，弯道环流进一步发展，对含沙量场的调整作用更为强烈，两岸含沙量相差很大，凸岸处出现较长距离的淤积带，凹岸河床冲刷明显，形成最大的冲刷区。

4.2.4 含沙量分布

试验中弯道30°断面、60°断面、90°断面、120°断面及150°断面为悬移质取样断面，在各断面中央沿垂线0.2H、0.4H、0.6H、0.8H、1.0H处取样点，编号分别为1#、2#、3#、4#、5#，将取样烘干后测定悬移质泥沙含量。

表4-2为典型断面上实测含沙量成果。从表中可以看出，在水流进入动床后，水体即开始挟带一定量的泥沙，总体表现沿程含沙量逐渐增大，同一垂线上含沙量分布特性为近底较大，表层较小（个别点例外）。从试验数据来看，至弯道150°断面（泥沙恢复距离与水深比 $X/H = 75$ ）近底（0.2H）处最大含沙量已达1.246 kg/m^3。

表4-2 实测含沙量成果 （单位：kg/m^3）

项目	30°断面	60°断面	90°断面	120°断面	150°断面
0.2H	0.837	0.913	1.272	1.133	1.246
0.4H	0.642	0.535	0.551	0.720	0.832
0.6H	0.638	0.731	0.630	0.738	0.959
0.8H	0.454	0.519	0.532	0.530	0.531
1.0H	0.342	0.416	0.420	0.517	0.523
垂线平均	0.583	0.623	0.681	0.728	0.818

4.2.5 弯道河床变形

图4-8为两种方案的弯道冲刷试验后河床照片。

由照片可以看出，两种方案下，在弯顶以上河床发育较为规则，主体表现为河道主槽冲刷较深，边滩冲刷较浅，滩槽分明、过渡自然，自上而下主槽由河道中央逐渐摆至凹岸一侧，这是因为在弯道上段环流还未充分发展，横向输沙有限，纵向输沙对河床的塑造占主导地位；在弯道中段，主槽已完全摆至凹岸一侧，凸岸处冲淤变化较大，凹岸附近冲刷严重，从横断面来看，凸岸一侧岸坡较缓、变化平顺，凹岸一侧岸坡较陡、变化剧烈；在弯道下段，凸岸处河床抬高，出现明显淤积，后经测定此处高程分别为15 cm和13.5 cm（初始均为12 cm），凹岸一侧河道冲刷最深，后经测量细沙方案最低河床高程为3 cm，上细下粗混合沙时，当细沙完全外移，粗沙暴露后很快形成保护层，河床不再下切，高程约为4 cm，细沙情况下较混合沙层方案下冲刷为大，可见动床床面形态不仅与水流流态相关还与床沙粒径相关。

4.2.6 床沙级配变化

试验中在弯道30°断面、60°断面、90°断面、120°断面及150°断面的中心处进行床沙取样，烘干后测定其级配。图4-9为细沙方案下各取样点级配图对比。

(a)第一组沙试验结束河床照片(自上游至下游)

(b)第二组沙试验结束河床照片(自下游至上游)

图 4-8 两种方案的弯道冲刷试验后河床照片

从图 4-8 中可以看出,床沙沿程发生粗化,河床表层泥沙中的细颗粒及中等颗粒减

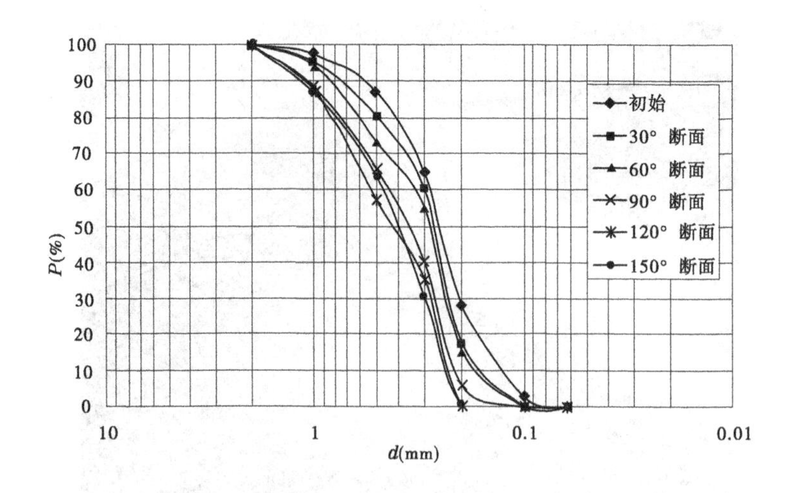

图 4-9 取样点级配变化对比图

少,粗颗粒增加,但弯道横向输沙对冲刷后的床沙级配有较大影响,弯道冲刷并不像顺直河道沿程粗化规律明显;河床表层中较细颗粒并没有完全被外移,部分较细颗粒受到粗颗粒隐蔽而遗留下来,但为数不多。

4.3 河湾形态变化研究

河湾平面形态往往用曲率半径 r 、中心角 φ 、弯距 L 等基本特征值来表示。单个弯道的形态在一定的范围内常近似为圆弧形,因而可用圆弧的半径 r 来表示其弯曲的程度,这一半径称为曲率半径,曲率半径越大,河湾越顺直,曲率半径越小,河道越曲折。其倒数为曲率,曲率最大的地方为弯顶,某一弯段进出口间包围的圆心角为中心角 φ 。

在自然条件下,弯曲河段是处在不断变化之中的。其平面变化是,蜿蜒曲折的程度不断加剧,曲率半径也随之增加。究其原因,主要是凹岸的不断崩退和凸岸的相应淤长,使河湾在平面上不断发生位移,并且随着弯顶向下游蠕动而不断改变其平面形状。如果冲淤面积接近相等,则表明断面已接近平衡状态,从而形成了较稳定的河湾,这种河湾出现以后维持的时间较长,变化较小,河床形态也比较规则,水流平顺。

通常认为,河道曲率半径的发展与上游来水来沙条件是有关的。欧阳履泰[26]从力学角度出发,得到曲率半径 r 与流量 q 、比降 J 的经验关系为

$$r = 48.1(qJ^{0.5})^{0.83} \tag{4-9}$$

可以看出,流量大时曲率半径也大。所谓“大河出大弯,小河出小弯”的说法,正反映了这样的力学认识。

冲淤平衡后的弯道形态是来水来沙条件和河床周界条件相互作用、相互协调最终达到动态平衡的特征结果。由于河床周界条件包括河岸组成粒径和沙黏土,综合水流动力条件和河床组成因子,结合前人研究成果,张俊勇等初步建立了弯道形态曲率半径的表达式[27]

$$r = \beta(Jdq^2)^{\partial} \tag{4-10}$$

式中：d 为河床组成代表粒径，为松散颗粒时取中值粒径，为黏土夹沙时取相当的松散沙体中值粒径；q 为平滩水位时的流量；J 为平滩水位时的比降；∂ 、β 为参数。

式(4-10)反映的变化规律与诸多相应的水槽试验成果在定性上是一致的。

本章结合水槽试验从弯道内水流结构和输沙特性作为基本出发点，进一步探讨河湾形态变化的影响因素。

4.3.1 河湾曲率半径与流量变化关系研究

为研究河湾形态变化与流量的关系，本章另外作了弯道水槽试验进行研究。床沙仍然采取4.2节中两组泥沙(细沙和上细下粗两组)，按照流量的不同各自分为3组方案，每组方案试验完成后恢复初始地形及泥沙组成，以保证各组试验的独立性。各试验方案及相关数据见表4-3。

表4-3 试验方案及相关数据

项目	方案	流量(L/s)	冲刷时间(h)
细沙	1—1	41.44	1.48
	1—2	51.69	1.66
	1—3	67.54	2.25
上细下粗沙	2—1	37.06	1.28
	2—2	46.47	1.54
	2—3	53.72	1.74

在河床达到动平衡以后，测量各个断面上河湾凸岸边滩边缘的位置。第一组沙各流量方案下凸岸边滩形态见图4-10，第二组沙各流量方案下凸岸边滩形态见图4-11。

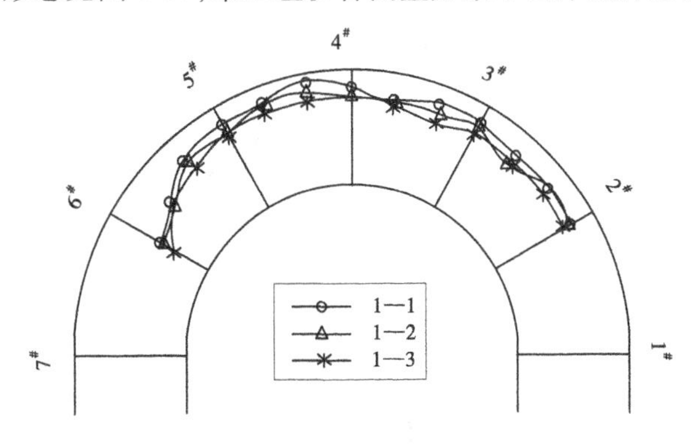

图4-10 细沙试验河湾形态

从图4-10中可以看出，两组沙均随着流量的增大，凸岸边滩岸线逐渐后退，河道曲率半径都是随之增大的。与前人所讨论的结论是一致的。

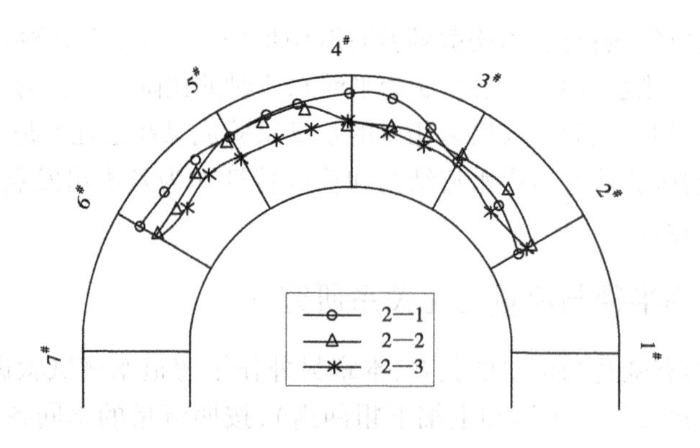

图 4-11 上细下粗试验河湾形态

4.3.2 横断面形态与流量变化关系研究

现以 90°断面为例,分析其在不同方案下断面形态的变化,以探讨流量不同对河湾形态的影响。图 4-12 所示 90°断面为细沙时各试验方案后的断面形态。从图中可以看出,放水冲刷后,凸岸地形方案一最高,方案三次之,方案二最低。分析其原因为:方案一纵向流速较小,冲刷作用不明显,凸岸地形依然较高;方案三尽管纵向流速较大,冲刷作用较强,但由于环流引起的横向输沙作用也较为明显,横向输移泥沙在此淤积,造成了流量比方案二大,地形反比方案二高的结果。这正印证了河床形态是由纵向输沙和横向输沙综合作用结果的结论。

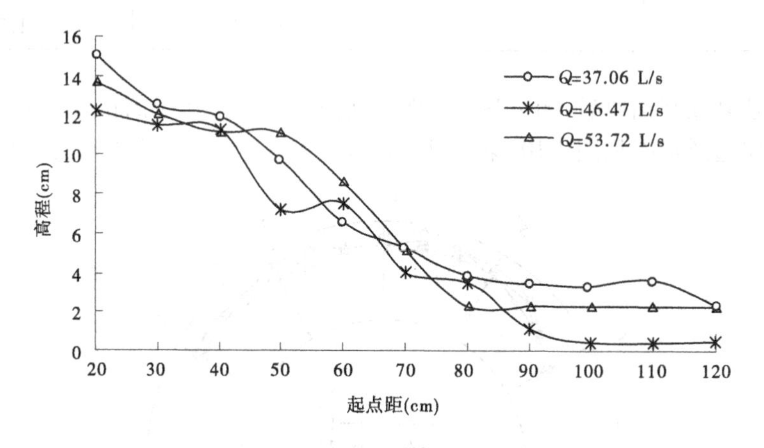

图 4-12 细沙组试验后 90°断面对比

4.3.3 横断面形态与河床组成变化关系研究

图 4-13 为两组不同床沙组成经同一流量冲刷后的断面形态对比。

从图 4-13 中可以看出,在靠近凸岸的一侧,细沙组河床高于混合沙组,而在靠近凹岸的一侧则出现相反的结果。分析其原因为:在冲刷的后期阶段,混合沙组凹岸处的可起动颗粒较少,凹岸处冲刷下切基本停止,使凹岸处的混合沙组河床高于细沙组时的河床,同时凹岸处没有足够的泥沙起动,可供横向输移至凸岸;而细沙组在凹岸处没有形成动态保

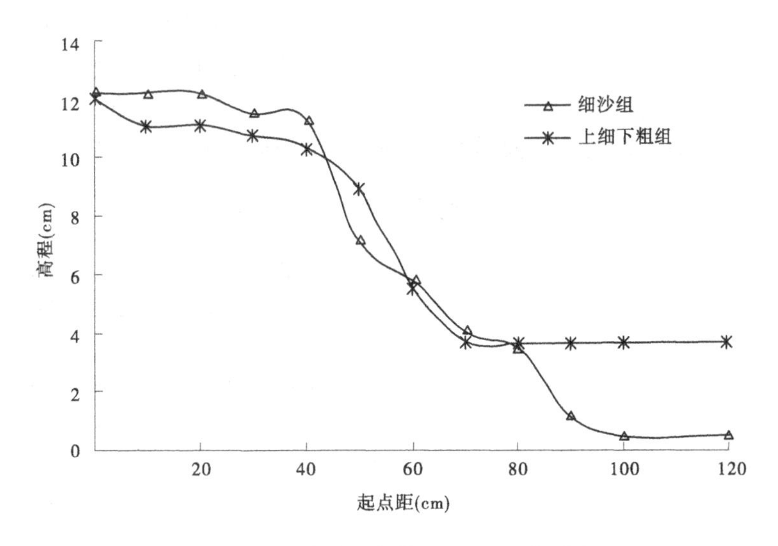

图 4-13 试验后弯道 90°断面形态对比

护层,继续冲刷下切,同时将起动的泥沙横向输移至凸岸,并部分淤积下来,使凸岸处细沙组河床高于混合沙组。这也说明了弯道横断面的形态与河床组成相关。

值得注意的是,水沙条件与河床周界条件是有主有从的,不能同等看待。其中,水沙条件是主要的,这是因为一方面来水来沙集中反映了河流作为输水输沙通道而存在的前提,另一方面河床组成条件往往是由来水来沙的塑造而形成的,处于从属地位。

4.4 小 结

本章从理论上分析泥沙分级起动规律、河床粗化过程、动态保护层的形成与破坏,并通过弯道水槽试验,研究弯道泥沙输移、河床变形、床沙级配及河湾形态变化规律,形成以下认识:

(1) 当河道上游来水来沙条件引起河床冲刷时,非均匀组成的河床存在粗化现象,粗化的过程中泥沙起动由水流条件、床沙组成、颗粒暴露度等因素综合决定,可分为前期阶段和后期阶段分别加以研究。粗化后的床沙中较细颗粒并未全部外移,部分细颗粒是受到粗化颗粒隐蔽影响而遗留下来的,认为小于起动粒径的非粗化颗粒均冲刷外移是不合理的。动态保护层部分破坏再形成过程中,床沙会进一步粗化,而粗化层的完全破坏,可用非均匀沙分级起动规律来描述,其临界水力条件就是粗化级配条件下最大颗粒起动条件。

(2)弯道冲刷试验表明,弯道上段,螺旋流将表层含沙较少粒度较细的水体带到凹岸,并折向河底攫取泥沙,泥沙颗粒被推向下游,凸岸不会出现明显淤积;弯道中段,凸岸泥沙开始淤积,凹岸一侧转换为主流带,冲刷现象较为明显;弯道下段,两岸含沙量相差很大,凸岸处出现较长距离的淤积带,凹岸形成最大的冲刷区,动床床面形态不仅与水流条件有关,还与床沙组成相关;在水流进入动床后,水体即开始挟带一定量的泥沙,总体表现沿程含沙量逐渐增大,同一垂线上含沙量分布特性为近底较大,表层较小;弯道床面泥沙级配变化受纵向输沙和横向输沙共同影响，表现出自上而下沿程粗化的特点。

(3)河湾形态试验研究表明，弯道中被冲刷的泥沙除被纵向流速带向下游外，还因横向环流的作用存在横向输移；大水时凹岸冲刷强烈，河湾边滩岸线逐渐靠往凸岸，曲率半径则随流量的增大而增大；弯道断面形态发育同时受造床流量和河床组成的影响。

参考文献

[1] Lane E W. Retrogression of levels in river beds below dams. Engineering News Record, June, 1934.

[2] Harrison A S. RePort on special investigation of bed sediment segregation in a degrading bed[D]. University of California, SePt, 1950.

[3] Киороз И. RePort on special investigation of bed sediment segregation in a degrading bed[Z]. CTP: 1956:169-174.

[4] 尹学良. 清水冲刷粗化河床研究[J]. 水利学报, 1963(1).

[5] Gessler J. Behavior of sediment mixture in rivers[R]. International Symposium on River Mechanics. Bangkok, Tailanf, 9-12, Jan., 1973.

[6] 韩其为,等. 床沙粗化[C]//. 第二次河流泥沙国际学术讨论会论文集. 北京: 水利电力出版社, 1983.

[7] 秦荣昱. 动床水流卡门常数变化规律的研究[J]. 泥沙研究,1991(3).

[8] 秦荣昱, 王崇浩. 河流推移质运动理论及应用[M]. 北京: 中国铁道出版社, 1996.

[9] 冷魁. 非均匀沙卵石起动流速及输沙率的试验研究[D]. 武汉:武汉水利电力大学, 1993.

[10] Little W G, Mayer P G. The Role of sediment on Channel Armoring [B]. Publication No. ERC－0672, Environmental Resources Center, Georgia Institute of Technology, Atlanta, Ga., 1972.

[11] C. T. 阿尔图宁, И. A. 布左诺夫. 河道的防护建筑, 24-45, Jan., 1957.

[12] 谢鉴衡. 河床粗化计算[J]. 武汉水利电力学院学报, 1959(2).

[13] 陆永军, 张华庆. 清水冲刷宽级配粗化机理试验研究[J]. 泥沙研究, 1993(1).

[14] 清华大学水利水电工程系. 河床冲刷—粗化过程水槽试验研究[R]//长江三峡泥沙与航运关键技术研究专题报告集.

[15] 刘兴年. 非均匀沙推移质输沙率及其粗化稳定[D]. 成都:成都科技大学, 1986.

[16] 唐造造. 宽级配非均匀沙输移规律的试验研究[D]. 成都:四川联合大学,1996.

[17] 刘兴年, 曹叔尤, 黄尔, 等. 粗细化过程中的非均匀沙起动流速[J]. 泥沙研究, 1957(4):10-13.

[18] 晋明红. 宽级配泥沙起动规律实验研究[J]. 山地学报,21(4): 493-497.

[19] 李荣,李义天,王迎春. 非均匀沙起动规律研究[J]. 泥沙研究,1999(1):27-32.

[20] 何文社. 非均匀沙运动特性研究[D]. 成都:四川大学, 2002.

[21] 秦荣昱,王崇浩. 河流推移质运动理论及应用[M]. 北京:中国铁道出版社,1996.

[22] 陈媛儿,等. 非均匀沙起动规律初探[J]. 武汉水利电力学院学报, 1988(3): 28-36.

[23] 尹学良. 清水冲刷河床粗化研究[J]. 水利学报, 1963(1).

[24] 王玉成, 龙德超. 丹江口水库下游河道冲淤平衡河段的初步研究[C]// 汉江丹江口水库下游河床演变分析文集, 长江流域规划办公室水文局, 1982.

[25] 孙志林. 非均匀沙输移的随机理论[D]. 武汉:武汉水利电力大学, 1996.

[26] 欧阳履泰. 试论下荆江河曲的发育与稳定[J]. 泥沙研究,1983 (4) :95-97.

[27] 张俊勇, 陈立, 刘林, 等. 汉江中下游河道最佳弯道形态[J]. 武汉大学学报(工学版), 2007, 40(1): 37-41.

第5章　弯道泥沙数学模型及验证

随着对泥沙基本理论研究的深入和计算机科学的进步,三维泥沙数学模型得到了一定发展,并逐渐应用于工程实际。但三维泥沙数学模型的推广受到两方面的限制:其一,作为三维泥沙模型基础的三维水流模型在大范围、长系列计算中的致命弱点(工作量大、计算耗时长)使得三维泥沙模型的实用性大为降低;其二,与一维、二维泥沙数学模型相比,三维泥沙数学模型的理论还远不够成熟(尤其是对于三维非均匀沙模型的研究),有许多问题还难以突破。

平面二维泥沙数学模型可用来解决泥沙运动和河床变形在平面上的分布问题,且工作量不大、计算耗时相对较短、实用性较强,显示出了强劲的生命力。但平面二维泥沙数学模型只能反映泥沙的垂线平均运动情况,对于水沙运动三维性较强的情形,如对弯道河段(存在上、下异向的横向输沙)则模拟失真,在适用性方面受到一定限制。

本章第一部分首先在三维水流模型的基础上建立了三维泥沙数学模型,并对相关问题进行探讨;第二部分对现有的平面泥沙模型通过考虑横向输沙加以扩展,建立弯道二维修正泥沙模型;第三部分应用弯道水槽冲刷试验成果,对上述二维、三维泥沙模型进行验证分析,并比较各模型的适用性及实用性。

5.1　三维泥沙数学模型

5.1.1　基本方程

5.1.1.1　悬移质连续方程

泥沙连续方程的推导依据为质量守恒定律。根据 d_t 时段内进入单元体的泥沙质量与流出单元体的泥沙质量之差等于单元体的泥沙质量变化。仿照水流方程对流速 u_i 、含沙量 s 采用雷诺时均法则,并引入 $s'u_i' = -D_{si}\dfrac{\partial s}{\partial x_i}$ 假定,D_{si} 、D_{mi} 分别为 x_i 方向的泥沙紊动扩散系数和分子扩散系数。

正交曲线坐标系下紊动时均三维泥沙连续方程:

$$\frac{\partial s}{\partial t} + \frac{1}{C_\xi C_\eta}\frac{\partial(C_\eta us)}{\partial \xi} + \frac{1}{C_\xi C_\eta}\frac{\partial(C_\xi vs)}{\partial \eta} + \frac{\partial(ws)}{\partial \zeta} =$$

$$\frac{1}{C_\xi C_\eta}\frac{\partial}{\partial \xi}\left[\frac{C_\eta(D_{s\xi}+D_{m\xi})}{C_\xi}\frac{\partial s}{\partial \xi}\right] + \frac{1}{C_\xi C_\eta}\frac{\partial}{\partial \eta}\left[\frac{C_\xi(D_{s\eta}+D_{m\eta})}{C_\eta}\frac{\partial s}{\partial \eta}\right] + \frac{\partial}{\partial \zeta}\left[(D_{s\zeta}+D_{m\zeta})\frac{\partial s}{\partial \eta}\right] + \omega\frac{\partial s}{\partial \zeta} \tag{5-1}$$

式中:ω 为泥沙沉速;D_m 为泥沙分子扩散系数,通常取为水流分子扩散系数。

泥沙紊动扩散系数 D_s 和水流紊动扩散系数 ν_t 建立如下联系:

$$D_s = \frac{\nu_t}{\sigma_s} \tag{5-2}$$

式中：σ_s 为 Schmidt 数，其取值范围一般为 0.5 ~ 1.0。

Launder [1]建议采用 $\sigma_s = 0.7$；Van Rijn [2]在其泥沙数值模型计算中建议取 $\sigma_s = 0.6$；Celik 和 Rodi[3]取 $\sigma_s = 0.5$；WU W. M. 和 W. Rodi[4]在其三维水流泥沙模型中取 $\sigma_s = 1.0$；Mc Corquodale[5]分析有关资料后建议：当 $z > 0.2h$ 时取 $\sigma_s = 1.0$，当 $z \leqslant 0.2h$ 时取 $\sigma_s = 0.5$。

ε_s 常用来表示 $(D_s + D_m)$。

5.1.1.2 **推移质不平衡输沙方程**

推移质泥沙运动主要集中在床面上，它与悬移质泥沙、床面泥沙直接发生接触和交换。

推移质不平衡输沙方程为

$$\frac{1}{L_s}(g_b - g_{b*}) + (D_b - E_b) + \frac{1}{C_\xi C_\eta}\frac{\partial(C_\eta g_{b\xi})}{\partial \xi} + \frac{1}{C_\xi C_\eta}\frac{\partial(C_\xi g_{b\eta})}{\partial \eta} = 0 \tag{5-3}$$

式中：L_s 为底沙不平衡输沙恢复距离，$L_s = 3d_{50}D_*^{0.5}T^{0.9}$；$D_b$、$E_b$ 分别为悬移质泥沙转换为推移质泥沙的沉降量和上扬通量；$g_{b\xi}$、$g_{b\eta}$ 分别为 ξ、η 两方向上的推移质输沙量。

5.1.1.3 **河床变形方程**

河流中的泥沙在其运动过程中与床沙之间的不平衡交换会引起河床冲淤变化。由推移质引起的河床冲淤变化称为推移质河床变形；由悬移质交换引起的河床变形称为悬移质河床变形。对于靠近河床的底部单元体，可得河床变形方程：

$$\frac{\gamma_s'}{\rho_s}\frac{\partial z_b}{\partial t} + \frac{\partial(\delta_b s_b)}{\partial t} + (D_b - E_b) + \frac{1}{C_\xi C_\eta}\frac{\partial(C_\eta g_{b\xi})}{\partial \xi} + \frac{1}{C_\xi C_\eta}\frac{\partial(C_\xi g_{b\eta})}{\partial \eta} = 0 \tag{5-4}$$

式中：γ_s' 为泥沙干容重；δ_b 为选取近底界面与河床的距离；s_b 为近底含沙浓度；$\frac{\partial z_b}{\partial t}$ 为河床变形量。

5.1.1.4 **床沙级配调整方程**

由于水体中的泥沙与床沙作不等量交换，伴随着河床变形，床面混合层中泥沙的各粒径组成也随之发生变化。

床沙级配调整方程：

$$\frac{\partial P_{b,k}}{\partial t} + \frac{1}{(1 - P_s)E_m}\left[\frac{1}{C_\xi C_\eta}\frac{\partial(C_\eta g_{b\xi,k})}{\partial \xi} + \frac{1}{C_\xi C_\eta}\frac{\partial(C_\xi g_{b\eta,k})}{\partial \eta} + (D_{b,k} - E_{b,k})\right] + \frac{1}{E_m}\left(\frac{\partial z_b}{\partial t} - \frac{\partial E_m}{\partial t}\right)\left[\in_1 P_{b,k} + (1 - \in_1)P_{0,k}\right] = 0 \tag{5-5}$$

式中：z_b 为活动层床面高程；E_m 为活动层厚度；P_s 为活动层孔隙率；$P_{b,k}$ 为活动层中 k 粒径组所占百分数；$P_{0,k}$ 为原始河床中 k 粒径组所占百分数，适用于混合层下切原始河床的情形；$\in_1$ 为调整开关，当活动层下边界下切原始河床时，取 $\in_1 = 0$，否则取 $\in_1 = 1$。

5.1.2 补充方程

5.1.2.1 近床挟沙力

在进行三维泥沙计算时,床面附近挟沙力的确定是一个关键因素。近底挟沙力的确定首先依赖于近底交换层的厚度 δ_b,也就是悬移质分界面的选取问题。Einstein 认为 $\delta_b = 2d_{50}$;Van Rijn 认为 $\delta_b = 0.01 - 0.05H$, H 为当地水深;W. Rodi[4] 根据床面形式的不同,认为平整床面 $\delta_b = 2d_{50}$,沙波床面取沙波高度的2/3。

这里首先给出近底界面选取示意图,见图 5-1。图 5-1 中 z_b 为河床;$z = \delta_b$ 为选取底层交界面;s_b、s_b^* 分别为该界面上选取点的含沙量和挟沙力;$z = z_k$ 为 δ_b 界面以上的网格节点层面;s_k 为该层面某节点的含沙量。

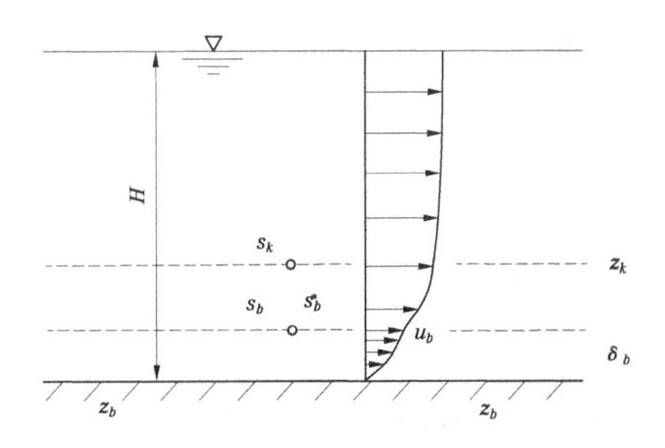

图 5-1 近底界面选取示意图

关于床面附近的挟沙力 s_b^*(或体积挟沙力 s_{Vb}^*),很多人做过研究,其中代表性的做法有 Einstein 方法[6]、Smith 和 Mclean 方法[7]、Van Rijn 方法[8]、张瑞瑾公式法[9],下面分别介绍。

1. Einstein *方法*

Einstein 在研究推移质输沙率时给出平衡输沙时,床面层界面上的体积含沙浓度 s_{Vb}^*(即体积挟沙力):

$$s_{Vb}^* = \frac{1}{11.6}\frac{g_b}{au'_*} \tag{5-6}$$

式中:$a = 2d$, d 为泥沙粒径;u'_* 为床面沙粒摩阻流速,$u'_* = \sqrt{g}U/C'$, U 为水深平均流速,$C' = 18\lg\left(\frac{4R_b}{d_{90}}\right)$, R_b 为水力半径。

2. Smith *和* Mclean *方法*

Smith 和 Mclean 定义沉降层界面上泥沙体积浓度:

$$s_{Vb}^* = \frac{0.65\gamma_0 T}{1 + \gamma_0 T} \tag{5-7}$$

式中:γ_0 为常数,取 0.002 4;$T = \frac{\theta' - \theta_c}{\theta_c}$, $\theta' = \frac{u'^2_*}{\left(\frac{\rho_s - \rho}{\rho}\right)gd}$,$\theta_c$ 为泥沙起动希尔兹数。

3. Van Rijn 方法

Van Rijn(1984)方法是目前三维泥沙数学模型比较常用的方法：

$$s_{Vb}^{*} = 0.015\frac{d_{50}T^{1.5}}{aD_{*}^{0.3}} \tag{5-8}$$

式中：$D_{*} = d_{50}\left(\frac{\frac{\rho_s - \rho}{\rho}}{\nu^2}\right)^{1/3}$，根据 Van Rijn 的研究，$a$ 取当量糙率高度 Δ 或 $0.5k_s$，同时满足 $a \geq 0.01H$。

4. 张瑞瑾公式法

张瑞瑾公式法的基本思想是采用断面平均挟沙力和含沙量垂线分布公式来反求底部挟沙力，具体做法如下：

已知断面平均挟沙力为

$$s^{*} = k\left(\frac{u^3}{gh\omega}\right)^m \tag{5-9}$$

假定：

$$s_b^{*} = \alpha S^{*} \tag{5-10}$$

输沙平衡时，含沙量沿垂线分布用 Rouse 公式表示，

$$s(z) = s_b\left(\frac{\delta_b}{H - \delta_b}\right)^{z^*}\left(\frac{H - z}{z}\right)^{z^*} \tag{5-11}$$

式中：$z^{*} = \frac{\omega}{ku_{*}}$，为悬浮指标；$H$ 为水深；z 为距河底垂线高度；$s(z)$ 为 z 处的含沙量；δ_b 为 s_b 所选取界面距河底的距离，一般取 $0.01h \sim 0.05h$。

将式(5-11)沿垂线积分可得断面含沙量 s，输沙平衡时有 $s^{*} = s$、$s_b^{*} = s_b$，得

$$s^{*} = \left[\frac{1}{h - \delta_b}\int_{\delta_b}^{H}\left(\frac{\delta_b}{H - \delta_b}\right)^{z^*}\left(\frac{H - z}{z}\right)^{z^*}\mathrm{d}z\right]s_b^{*} \tag{5-12}$$

由式(5-10)、式(5-12)得

$$\alpha = \frac{H - \delta_b}{\int_{\delta_b}^{H}\left(\frac{\delta_b}{H - \delta_b}\right)^{z^*}\left(\frac{H - z}{z}\right)^{z^*}\mathrm{d}z} \tag{5-13}$$

即

$$s_b^{*} = \frac{H - \delta_b}{\int_{\delta_b}^{H}\left(\frac{\delta_b}{H - a}\right)^{z^*}\left(\frac{H - z}{z}\right)^{z^*}\mathrm{d}z}s^{*} \tag{5-14}$$

5.1.2.2 推移质输沙率

目前，工程应用较多的饱和推移质输沙率公式有 Rijn[10] 公式和 Meyer - Peter - Muller[11] 公式。

1. Rijn 公式

$$g_{b*}=\begin{cases}0.053\sqrt{\dfrac{\rho_s-\rho}{\rho}gd_{50}^{1.5}}\dfrac{T^{2.1}}{d_*^{0.3}} & T<3\\ 0.100\sqrt{\dfrac{\rho_s-\rho}{\rho}gd_{50}^{1.5}}\dfrac{T^{1.5}}{d_*^{0.3}} & T\geqslant 3\end{cases}\tag{5-15}$$

式中：d_* 为颗粒参数，$d_*=d_{50}\left(\dfrac{\dfrac{\rho_s-\rho}{\rho}}{\nu^2}\right)^{1/3}$；$T$ 为输沙阶段变量，$T=\dfrac{\tau_b'-\tau_{b,cr}}{\tau_{b,cr}}$，$\tau_b'$ 为有效河床切应力，受河床粗糙度的影响，$\tau_{b,cr}$ 为临界河床剪切应力，$\tau_b'=\alpha_b\tau_b$，$\alpha_b=(C/C')^2$，C 为综合 Chezy 系数，$C'=18\lg\left(\dfrac{12R_b}{3d_{90}}\right)$，$R_b$ 为水力半径。

2. Meyer - Peter - Muller 公式

$$g_{b*}=8\sqrt{\frac{\rho_s-\rho}{\rho}gd_{50}^{1.5}}\left(\mu\theta-0.047\right)^{1.5}\tag{5-16}$$

式中：θ 为无量纲颗粒运动参数；μ 为河床形态因子，$\mu=(C/C')^{1.5}$，C 为广义 Chezy 系数，C' 为颗粒 Chezy 系数。

5.1.3 相关问题

5.1.3.1 动床底部剪切力

动床底部剪应力（$\tau_{b\xi}$，$\tau_{b\eta}$）可表示为下式：

$$\left.\begin{aligned}\tau_{b\xi}&=\rho C_D u_b\sqrt{u_b^2+v_b^2}\\ \tau_{b\eta}&=\rho C_D v_b\sqrt{u_b^2+v_b^2}\end{aligned}\right\}\tag{5-17}$$

引入壁函数概念，式(5-17)中（u_b，v_b）需满足：

$$\frac{u}{u_*}=\frac{1}{k}\ln\frac{z}{z_0}\tag{5-18}$$

式中：u_* 为摩阻流速，$u_*=\sqrt{\tau_b/\rho}$。

由式(5-17)、式(5-18)可得

$$C_D=\frac{1}{\left(\dfrac{1}{k}\ln\dfrac{z}{z_0}\right)^2}\tag{5-19}$$

式中：z_0 为零流速位置高度。

关于 z_0 不少人做过研究，一种计算模式认为

$$z_0=\frac{\nu}{Eu_*}\tag{5-20}$$

式中：ν 为水流黏滞性系数；u_* 为摩阻流速；E 为床面粗糙参数。

此种模式的关键是床面粗糙参数 E 的确定。Cebici 和 Braclshan[12] 给出了 E 的计算式：

$$E = e^{[k(B-\Delta B)]} \tag{5-21}$$

$$\Delta B = \begin{cases} 0 & Re < 2.25 \\ \left(B - 8.5 + \dfrac{1}{k}\ln Re\right)\sin(0.428 + \ln Re - 0.811) & 2.25 \leqslant Re < 90 \\ B - 8.5 + \dfrac{1}{k}\ln Re & Re \geqslant 90 \end{cases} \tag{5-22}$$

其中，$B = 5.2$；$Re = u_* k_s/\nu$，k_s 为河底或河岸粗糙高度，和床面形态有关，没有沙波的平整床面，一般可取 d_{50}，有沙波的床面，k_s 与沙波的形态及沙波高度、沙波长度有关。

方红卫和王光谦[13]根据 Schlichting 公式给出 z_0 另一种表达式：

$$z_0 = k_s/30 \tag{5-23}$$

式中，k_s 根据李昌华、刘建民的研究，取 $(An)^6$，$A = 19 \sim 26$，n 为曼宁系数。

5.1.3.2 底部含沙量

底部含沙量作为三维泥沙数学模型的一个重要边界条件，对数学模型的成败起着至关重要的作用。

在图 5-1 中，在所选取的近底界面上对悬移质泥沙有：

$$\omega_s s + \varepsilon_{s\zeta}\frac{\partial s}{\partial \zeta} = D_b - E_b \tag{5-24}$$

式中：D_b、E_b 分别为该界面上的上扬通量和沉降通量。

Van Rijn[2]、Celick 和 Rodi[3]、Wu 和 Rodi W[4]等给出如下边界条件：

$$D_b - E_b = \omega(s_b - s_b^*) \tag{5-25}$$

韦直林[14]给出如下边界条件：

$$D_b - E_b = \alpha\omega(s_b - s_b^*) \tag{5-26}$$

式中：α 为恢复饱和系数。

由式(5-24)、式(5-26)可得

$$\omega s + \varepsilon_{s3}\frac{\partial s}{\partial z} = \alpha\omega(s_b - s_b^*) \tag{5-27}$$

将式(5-27)积分后，含沙量可表述为

$$s = (s_b - s_b^*) + Ce^{-\frac{\alpha\omega}{\varepsilon_{s\zeta}}z} \tag{5-28}$$

若已知床面以上某点 $z = z_k$ 处的含沙量 s_k（如图 5-1 所示），$z = \delta_b$ 处的含沙量 s_b，则可求得 s_b 关于 s_k 的表达式

$$s_b = s_k + s_b^* e^{-\frac{\alpha\omega}{\varepsilon_{s\zeta}}(z_k-\delta_b)} \tag{5-29}$$

5.1.4 边界条件

5.1.4.1 进口边界条件

1. 悬移质进口条件

直接给定进口断面含沙量分布，如果无进口含沙量分布，则根据进口平均含沙量依据张瑞瑾含沙量垂线分布公式给出：

$$s_{in} = s(0,t) \tag{5-30}$$

2. 推移质进口条件

假定进口推移质输沙量等于推移质输沙率，即进口不变形条件：

$$g_b = g_{b*} \tag{5-31}$$

5.1.4.2 出口泥沙条件

出口泥沙边界条件给定法向梯度为零，即

$$\frac{\partial s}{\partial n} = 0 \tag{5-32}$$

5.1.4.3 自由水面泥沙条件

假定水面无泥沙交换，则水面处的含沙量条件为

$$\omega s + \varepsilon_{s\zeta} \left.\frac{\partial s}{\partial \zeta}\right|_{\zeta = z_0} = 0 \tag{5-33}$$

5.1.4.4 底部含沙量条件

底部泥沙含沙量条件按式(5-29)给定。

5.2 弯道二维泥沙模型

基于平面二维泥沙模型及弯道泥沙输移特性研究，本节建立考虑横向输沙的弯道二维泥沙模型。

5.2.1 悬移质泥沙连续方程

设 S 为垂线平均含沙量，对三维悬移质连续方程沿水深积分，即可得到沿水深积分的二维泥沙连续方程。

$$\frac{\partial(HS)}{\partial t} + q_{s\xi} + q_{s\eta} + W_{bs} + W_{ws} = \frac{1}{C_\xi C_\eta}\frac{\partial}{\partial \xi}\left[\frac{C_\eta \varepsilon_{s\xi}}{C_\xi}\frac{\partial(HS)}{\partial \xi}\right] + \frac{1}{C_\xi C_\eta}\frac{\partial}{\partial \eta}\left[\frac{C_\xi \varepsilon_{s\eta}}{C_\eta}\frac{\partial(HS)}{\partial \eta}\right] \tag{5-34}$$

式中

$$q_{s\xi} = \frac{U}{C_\xi C_\eta}\frac{\partial(C_\eta HUS)}{\partial \xi} + \frac{1}{C_\xi C_\eta}\frac{\partial\left[\int_{z_b}^{z_0}(C_\eta \Delta U \Delta S)\,\mathrm{d}\zeta\right]}{\partial \xi} \tag{5-35}$$

$$q_{s\eta} = \frac{V}{C_\xi C_\eta}\frac{\partial(C_\xi HVS)}{\partial \eta} + \frac{1}{C_\xi C_\eta}\frac{\partial\left[\int_{z_b}^{z_0}(C_\xi \Delta V \Delta S)\,\mathrm{d}\zeta\right]}{\partial \eta} \tag{5-36}$$

$q_{s\xi}$、$q_{s\eta}$为 ξ 、η 两方向悬移质输沙量，由两部分组成，第一部分为垂线平均泥沙通量，第二部分是由于流速、含沙量沿垂线分布不均引入的修正项，ΔS 为水深处 z 的含沙量 s 与垂线平均含沙量 S 的差值，在流速、含沙量垂线分布均匀的情况下为0，在有弯道环流，上、下泥沙输移异向的情况下，不可忽略。

W_{ws} 、W_{bs} 为泥沙连续方程积分的上、下界面边界条件，物理意义为紊动扩散引起的悬移质泥沙在自由水面处和河床底部的通量。在上界面（自由水面）的泥沙通量一般认为是0，即自由水面无泥沙通过；在下界面（床面）的单位泥沙通量等于悬移质河床变形，即

$W_{bs} = \rho' \dfrac{\partial z_{bs}}{\partial t}$。

5.2.2 推移质不平衡输沙方程

$$\frac{1}{L_s}(g_b - g_{b*}) + \frac{1}{C_\xi C_\eta}\frac{\partial(C_\eta g_{b\xi})}{\partial \xi} + \frac{1}{C_\xi C_\eta}\frac{\partial(C_\xi g_{b\eta})}{\partial \eta} = 0 \tag{5-37}$$

式中，g_{b*} 按式(5-15)、式(5-16)确定，式中考虑了弯道床面形态影响下的推移质输沙能力。

5.2.3 河床变形方程

河道泥沙在输移过程中，推移质泥沙和悬移质泥沙与河床泥沙之间的不等量交换会引起河床冲淤变化。

5.2.3.1 悬移质河床变形方程

悬移质引起的床面高程变化是悬移质泥沙指向水体的扩散和指向床面的沉降综合作用的结果。

$$\frac{\gamma_s'}{\rho_s}\frac{\partial z_b}{\partial t} = -\left(\omega s_b - \varepsilon_{s\zeta}\frac{\partial s_b}{\partial \zeta}\right) = -(D_b - E_b) \tag{5-38}$$

近底处假定平衡输沙，悬移质泥沙扩散的底部边界条件为 $\varepsilon_{s\zeta}\dfrac{\partial s_b}{\partial \zeta} = -\omega s_b^*$，$s_b^*$ 为床面附近的水流挟沙力。

将床面附近含沙量、挟沙力与垂线平均含沙量、挟沙力建立如下联系：

$$s_b = \alpha_1 S \tag{5-39}$$

$$s_b^* = \alpha_2 S^* \tag{5-40}$$

则得二维悬移质河床变形方程为

$$\rho' \frac{\partial z_{bs}}{\partial t} = \omega(\alpha_1 S - \alpha_2 S^*) \tag{5-41}$$

关于近底含沙量、挟沙力与垂线平均含沙量、挟沙力的关系系数 α_1、α_2 的取值，由于弯道横向存在上、下异向输沙流速，需根据实际情况调整。

5.2.3.2 推移质河床变形方程

$$\rho' \frac{\partial z_{bg}}{\partial t} = \frac{1}{C_\xi C_\eta}\frac{\partial(C_\eta g_{b\xi})}{\partial \xi} + \frac{1}{C_\xi C_\eta}\frac{\partial(C_\xi g_{b\eta})}{\partial \eta} \tag{5-42}$$

5.2.3.3 总变形方程

悬移质与推移质总的河床变形方程为

$$\rho' \frac{\partial z_{bs}}{\partial t} = \frac{1}{C_\xi C_\eta}\frac{\partial(C_\eta g_{b\xi})}{\partial \xi} + \frac{1}{C_\xi C_\eta}\frac{\partial(C_\xi g_{b\eta})}{\partial \eta} + \omega(\alpha_1 s - \alpha_2 s_*) \tag{5-43}$$

5.2.3.4 河床泥沙级配调整方程

床面泥沙级配调整与浅水二维泥沙模型模式相同，方程为

$$(1-P_s)\frac{\partial E_m P_{b,k}}{\partial t} + \begin{cases} \left[\dfrac{1}{C_\xi C_\eta}\dfrac{\partial(C_\eta g_{b\xi,k})}{\partial x} + \dfrac{1}{C_\xi C_\eta}\dfrac{\partial(C_\xi g_{b\eta,k})}{\partial \eta}\right] & k = 1,ksk \\ \omega(\alpha_1 S_k - \alpha_2 s_{*k}) & k = kgk,kk \end{cases} + (1-P_s)[\in_1 P_{b,k} + (1-\in_1)P_{0,k}]\left(\frac{\partial z_b}{\partial t} - \frac{\partial E_m}{\partial t}\right) = 0 \tag{5-44}$$

变量中 k 表示泥沙分组编号。

5.3　弯道冲刷三维模型计算结果验证分析

采用前述三维数学泥沙模型，模拟4.2节弯道第一组冲刷试验。床面铺沙级配较窄，按均匀沙处理；床面粗糙当量高度 $k_s = 2d_{90}$，约为1 mm。

计算水文条件采用弯道试验控制条件：$Q = 0.05\ \mathrm{m^3/s}$、$z_d = 25$ cm。

5.3.1　河床变形分析

为便于分析，将计算结果从冲淤变化和典型横断面形态变化两方面加以分析。

5.3.1.1　冲淤变化

分别绘出冲刷2 h、5 h的河床高程，见图5-2。

从图5-2中可以看出：在入弯前的顺直河段横断面较为规则、对称，在入弯处主流深槽靠近凸岸，进入弯道后深槽逐渐向外岸偏移，在弯顶处主槽已完全摆至外岸，随后紧贴凹岸下行，至出弯后，主冲刷深槽依然偏靠外岸，至出弯一段距离逐渐恢复。计算河段整体表现为冲刷趋势，但部分弯道上端凹岸泥沙被异岸输移至弯顶以下的凸岸处，在此处略有淤积。

本计算为冲刷试验，尽管沿程冲刷深度略有减小，但从河床等值线图来看并不明显。主要有两方面原因：其一，由于计算弯道较短，泥沙恢复尺度不够或模型中恢复饱和系数取值偏小；其二，从弯道水流特性来看，进口流速分布较为均匀，自弯道段开始主流逐渐偏向外岸，出现深槽主流带，主流带流速较大，非线性的挟沙力随之增加，出口处含沙量与挟沙力差值并未明显减小，因此悬移质引起的河床变形与进口处相比变化不大。

5.3.1.2　典型横断面变化

图5-3为典型断面计算值及实测值对比。从图5-3中可以看出，计算值能基本模拟出河床的冲淤变化特性，2 h和5 h的计算结果给出了河床冲淤的发展过程。

另外，将5 h计算值与实测值对比发现，实测值一般较计算值为大，且实测值一般发展至岸边，而计算值反映岸边冲淤变化不够准确。其原因为，弯道水流泥沙紊动强烈，存在横向环流，泥沙更易于起动、悬浮，挟沙力较顺直河道偏大，模型中的参数取值不够准确（挟沙力参数、恢复饱和系数是决定数学模型准确与否至关重要的因素）；至于近岸冲淤模拟失真的问题，一方面弯道试验时近岸水流的反淘冲刷，造成近岸处的冲刷相对较为严重；另一方面数学模型的模拟中也受制于数值计算的边界处理影响。

5.3.2　含沙量分布

图5-4为含沙量分布计算值与实测值对比。图5-4中大致反映了冲刷条件下弯道水体含沙量沿程分布的计算值与实测值对比情况，实测值和计算值均表明含沙量自上至下沿程增加，含沙量垂线分布为上稀下浓，定性来看计算含沙量分布基本合理。

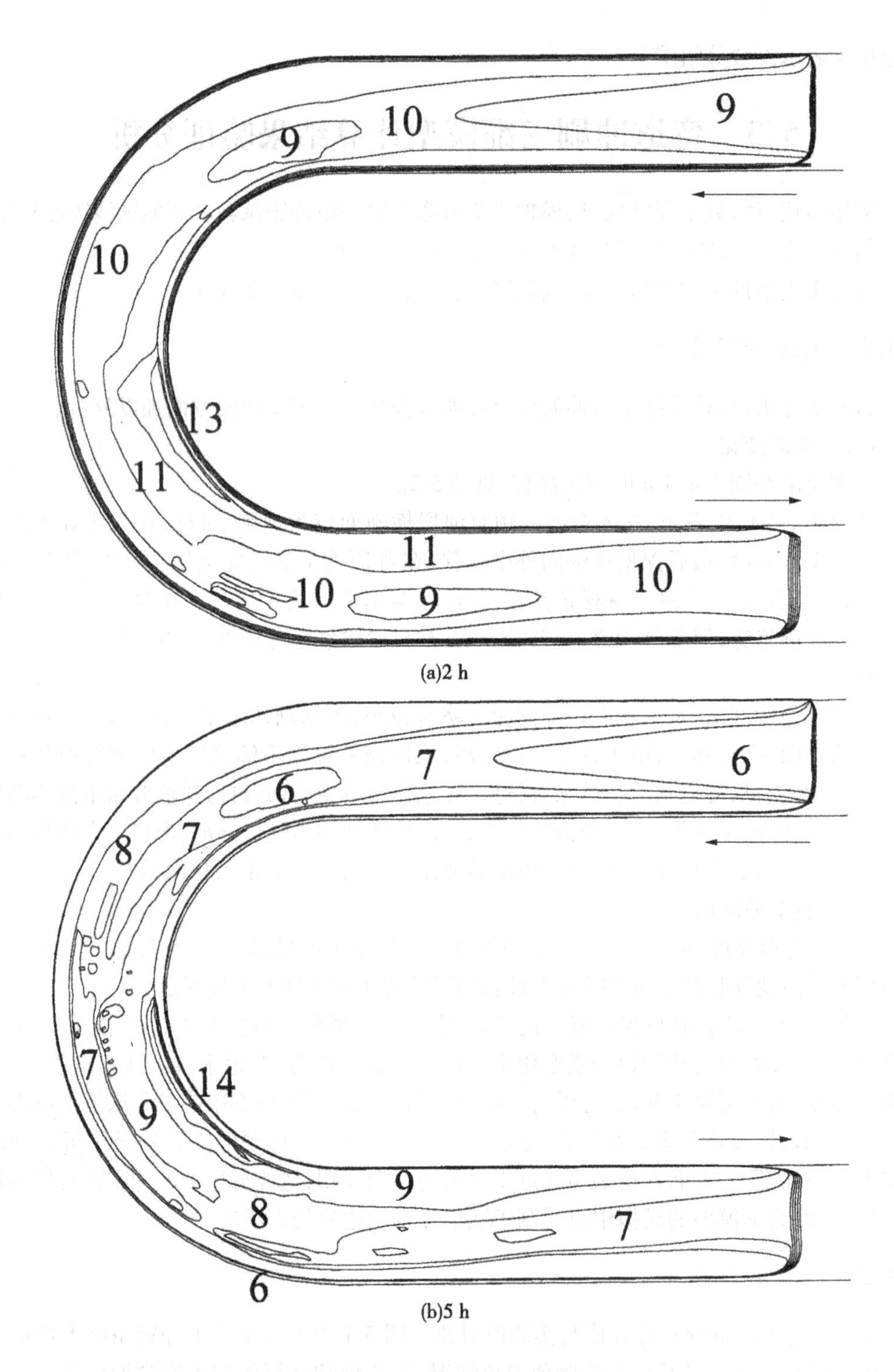

图 5-2　三维模型计算河床高程等值线图　（单位：cm）

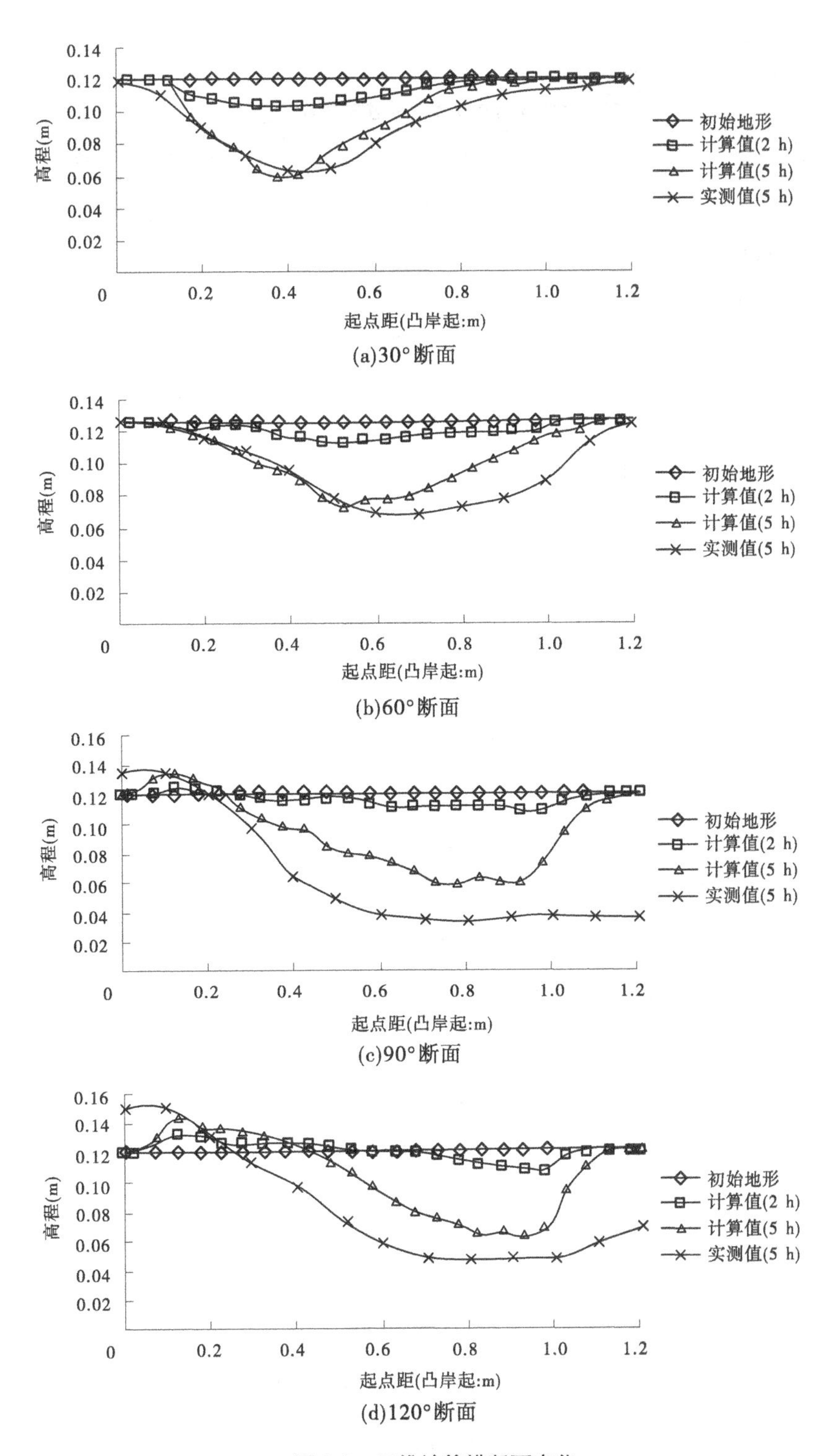

图 5-3　三维计算横断面变化

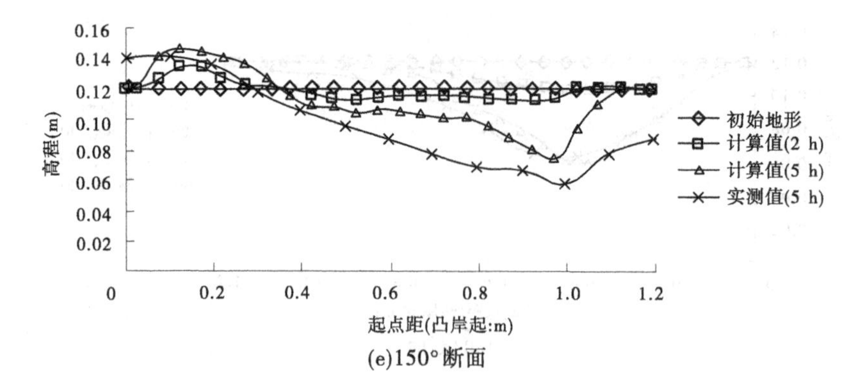

(e)150°断面

续图 5-3

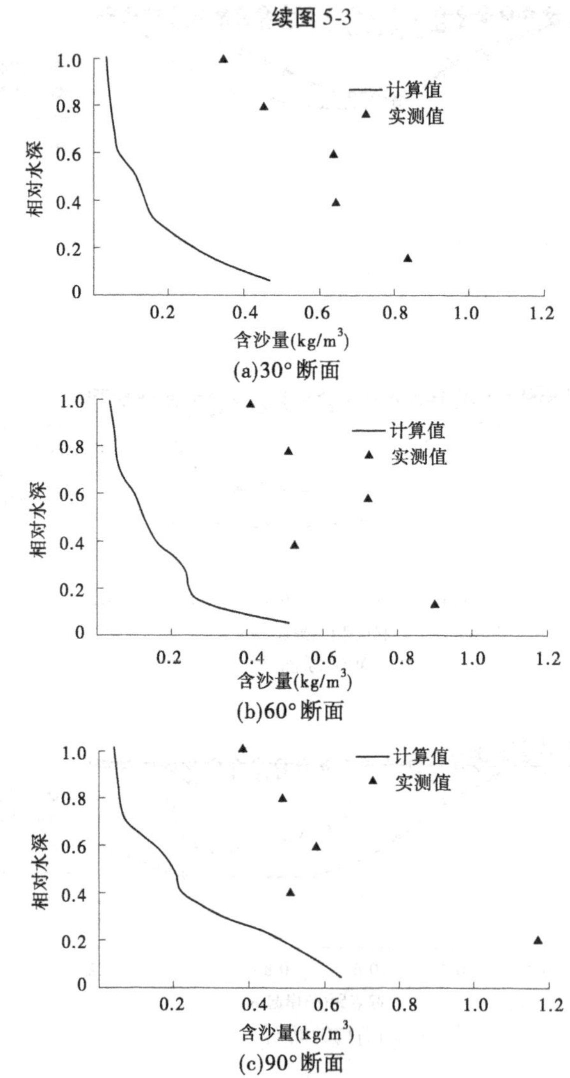

图 5-4　含沙量分布计算值与实测值对比图

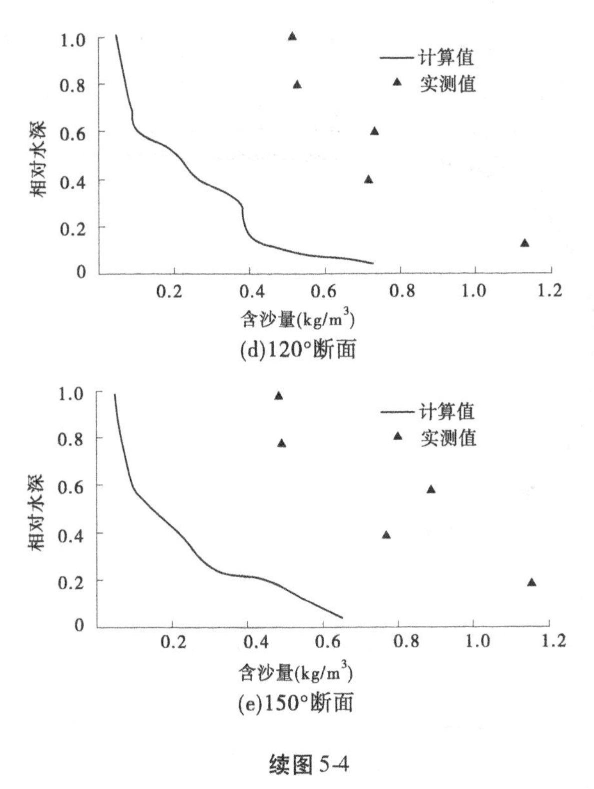

(d)120°断面

(e)150°断面

续图 5-4

但含沙量分布对比显示计算值与实测值的差别较大,计算值整体偏小。其原因为:由于泥沙问题本身的复杂性,现有数学模型将一些复杂的物理现象最终归结为某一个或几个系数或参数的取值,如挟沙力系数、恢复饱和系数及泥沙紊动系数等,这些系数的取值具有一定的经验性,需根据实际情况进行调整,若取值不尽合理,尽管定性表征了存在物理现象,但定量上难免有一定差别。

5.4 二维泥沙数学模型计算结果分析

为验证平面二维泥沙模型应用于弯道计算时的适用性及考虑横向输沙的弯道修正二维模型的改进效果,本书利用弯道水槽冲刷试验对模型进行了检测与检验。

两模型中均采用非均匀全沙计算模式,泥沙共分 7 组,其中悬移质 5 组、推移质 2 两组,分界粒径为 0.06 mm、0.1 mm、0.2 mm、0.3 mm、0.5 mm、1.0 mm。

5.4.1 水深平均二维数模计算结果分析

图 5-5(a)、(b)分别为该模型计算所得 2 h 和 5 h 后的河床地形图。

由图 5-5 中可以看出,河床变形特性与 3.3.1 中所描述平面二维水流计算结果直接相关,在计算主流带上泥沙冲刷较多,河床变形较大,冲刷主槽位于断面中部,两岸河床变形较为对称。冲刷深度沿程向下发展,进口冲刷深度较出口处偏大,由于未考虑横向输沙,整个计算河段并未出现明显淤积区域。与试验结果、三维计算结果在冲淤分布特性上

图 5-5　水深平均二维模型计算河床高程等值线图　（单位:cm）

存在明显差别,准确性不高。

由于平面二维数值模拟结果明显失真,这里不再分析河床粗化结果。

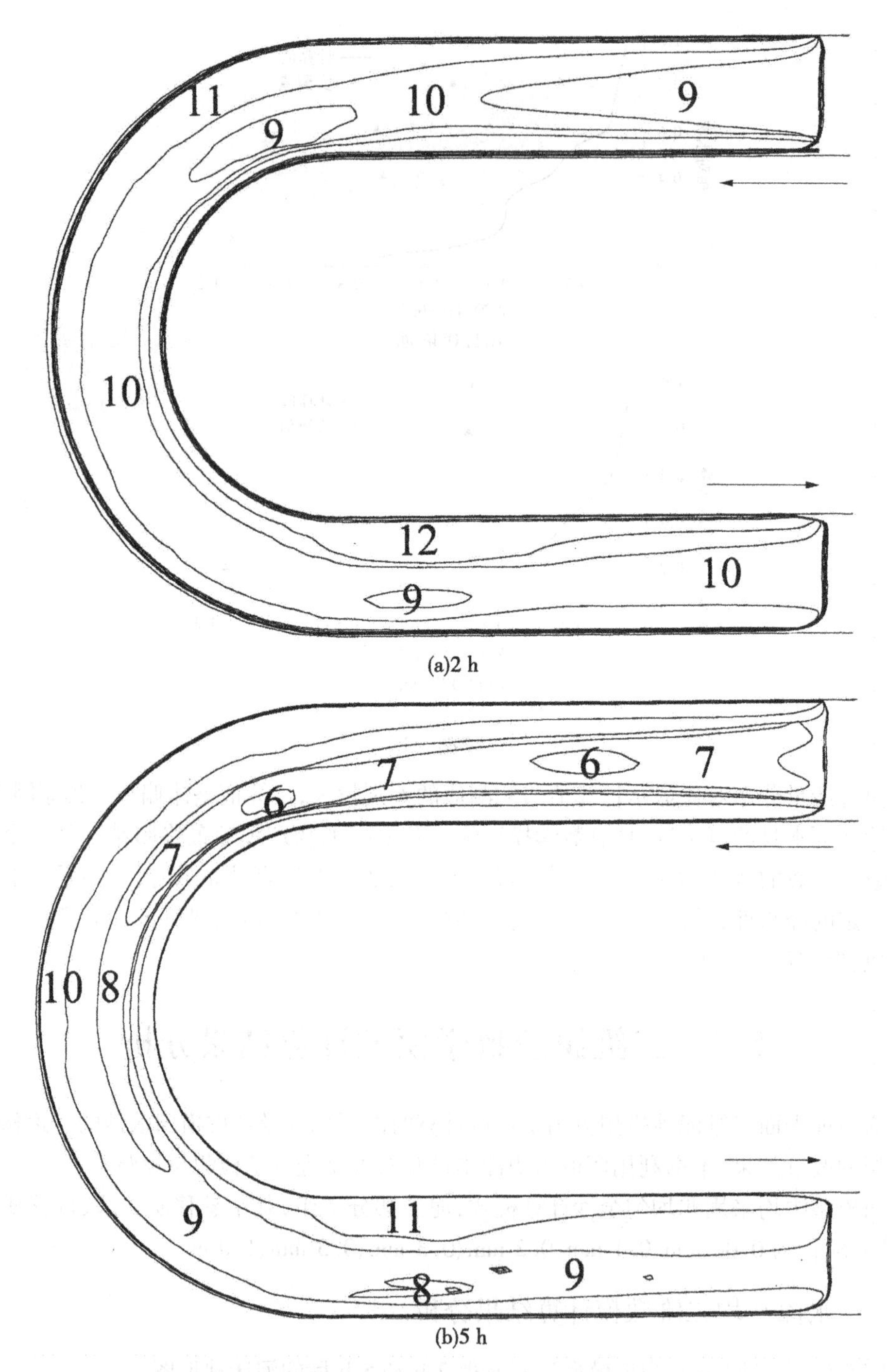

(a)2 h

(b)5 h

图 5-5　水深平均二维模型计算河床高程等值线图　（单位:cm）

存在明显差别,准确性不高。

由于平面二维数值模拟结果明显失真,这里不再分析河床粗化结果。

5.4.2 弯道修正二维数学模型计算结果分析

5.4.2.1 修正因素的确定

弯道修正二维泥沙模型的关键问题是流速、含沙量垂线分布、推移质输沙率及泥沙起动条件的确定。现有的流速公式及横向输沙公式大多是基于环流充分发展得来的，即在环流发展较强的河段公式适用，本书在弯道30°断面至弯道150°断面之间进行输沙修正。

1. 流速分布

流速分布采用 Vriend 基于规则断面宽浅弯道无量纲解析解公式：

$$\left.\begin{aligned} u &= U\left(1+\frac{\sqrt{g}}{kC}+\frac{\sqrt{g}}{kC}\ln\eta\right)=Uf_m(\eta) \\ v &= Vf_m(\eta)+\frac{U}{k^2 r}\left[2F_1(\eta)+\frac{\sqrt{g}}{kC}F_2(\eta)-2\left(1-\frac{\sqrt{g}}{kC}\right)f_m(\eta)\right] \end{aligned}\right\} \tag{5-45}$$

式中：$f_m(\eta)=1+\frac{\sqrt{g}}{kC}+\frac{\sqrt{g}}{kC}\ln\eta$；$F_1(\eta)=\int_0^1\frac{\ln\eta}{\eta-1}d\eta$；$F_2(\eta)=\int_0^1\frac{\ln^2\eta}{\eta-1}d\eta$；$k$ 为卡门常数，试验结果表明 $k\approx0.4$；C 为谢才系数。

2. 含沙量分布

含沙量垂向分布公式采用张瑞瑾方法：

$$\frac{s}{S}=\frac{\beta(1+\beta)}{(\beta+\eta)^2} \tag{5-46}$$

式中：β 为参数，根据丁君松的研究取 $\beta=0.2z^{-1.15}-0.11$，z 为悬浮指标。

3. 弯道推移质输沙率

推移质输沙率按弯道中计算式(1-20)计算。

4. 泥沙起动条件

泥沙起动条件按式(4-7)、式(4-8)计算。

5.4.2.2 河床变形分析

图5-6为该计算模式下河床高程等值线图。

从图5-6中可以看出，该修正模式起到一定效果，从修正开始(弯道30°断面)凸岸即出现淤积，冲刷主槽逐步向凹岸偏移，凹岸冲刷增大，弯顶以下，凸岸淤积范围和淤积高度进一步加大，凹岸处冲刷主槽贴岸下行，直至弯道出口下有一段距离；但该修正模式下横断面形态突变明显，冲淤分布横向过渡不够平顺、自然，且在修正结束后很长一段距离内，依然保持着淤积的特性。

修正的二维模型可在一定程度上改善平面二维的冲淤分布不合理特性，在弯道上段冲刷主槽逐渐摆向凹岸，凸岸冲刷减缓；在弯道下段，凸岸处出现横向输沙引起的淤积，凹岸处为主冲刷带，至出弯一段距离后逐渐恢复。但该模拟结果与试验实测和三维模拟结果比较，计算地形显得不够平顺、自然，存在一定的突变，有待改善。

5.4.2.3 河床泥沙级配变化

图5-7为床沙级配变化图。图中显示了测点处计算与实测床沙级配变化，结合河床高程等值线图5-6分析可知，河床发生冲刷的地方泥沙发生粗化，淤积处床沙细化。

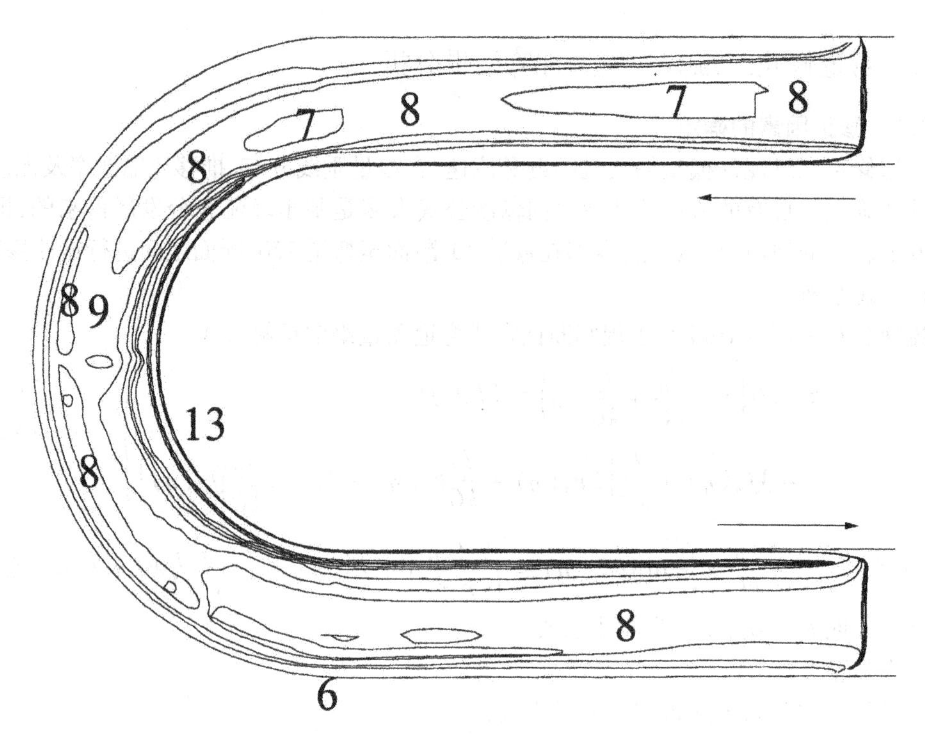

图 5-6　弯道修正二维河床高程等值线图(5 h)　(单位:cm)

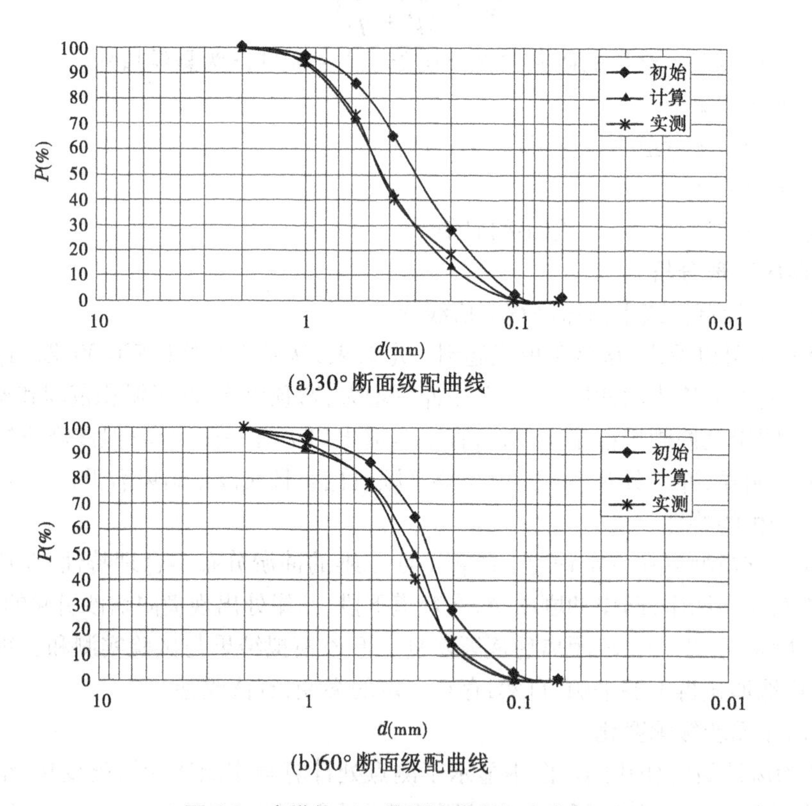

(a)30°断面级配曲线

(b)60°断面级配曲线

图 5-7　弯道修正二维泥沙模型河床沙级配图

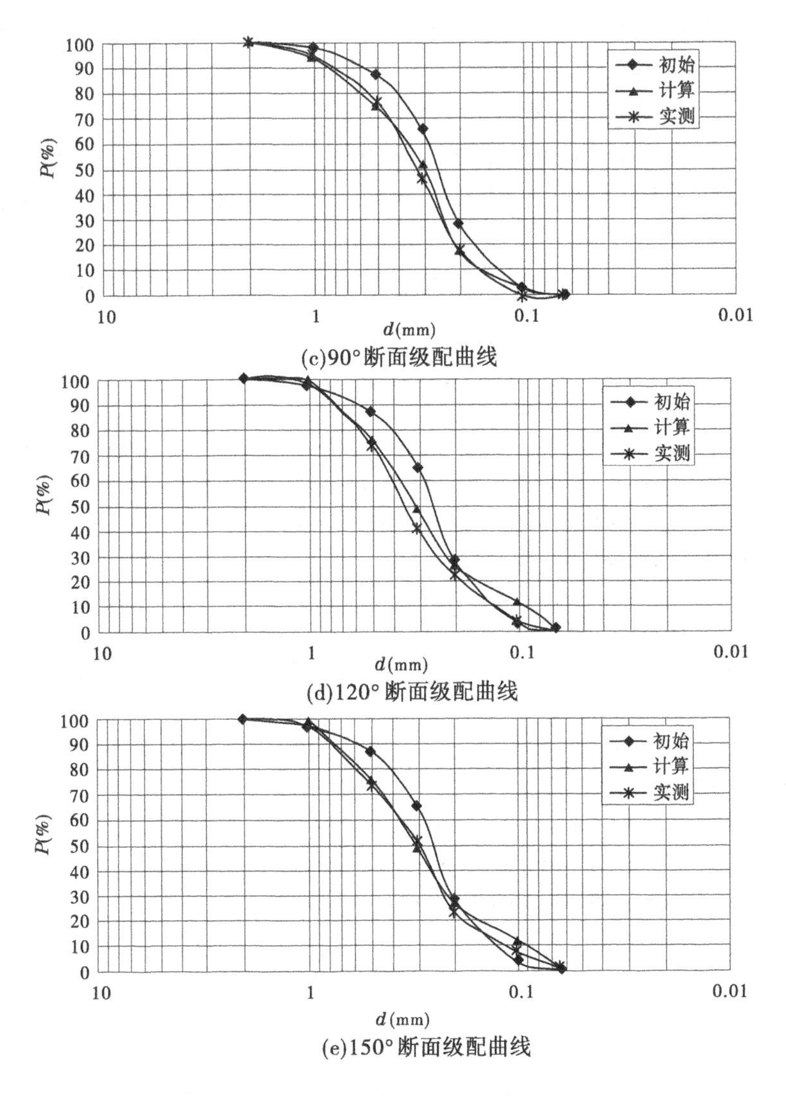

(c)90°断面级配曲线

(d)120°断面级配曲线

(e)150°断面级配曲线

续图 5-7

计算值与实测值均表明,弯道冲刷中粗化现象并不明显,其原因为:泥沙粒径范围较窄、水流紊动性强,泥沙分选效果并不明显;另外,河床粗化结果与弯道冲刷试验结束床面泥沙取样深度、数学模型中混合层厚度的取值亦有直接关系。所以,关于混合层的厚度取值研究尚需深入,以提高数学模型计算的合理性与准确性。

5.5 小 结

本章介绍了三维泥沙基本方程、补充方程,并对相关问题进行探讨,在考虑横向输沙的基础上建立了弯道泥沙修正模型,并将模型分别用于弯道冲刷计算,验证分析各模型计算结果,得到主要认识及结论如下:

(1)三维泥沙模型可准确模拟弯道泥沙输移、河床冲淤特性,并能够提供含沙量的垂线分布，若参数率定适当、底部边界条件选取合理，可真实反映弯道水沙输移特性及河床变形规律。但三维水沙模型在大范围、长系列水沙计算中的实用性尚需提高。另外，对于三维非均匀沙模型的理论研究还有待进一步完善。

（2）水深平均二维模型理论相对较为成熟，非均匀全沙模型已可广泛应用于实际工程，但对于水沙特性三维性较强的弯道（横向存在上、下异向输沙），计算结果明显失真。

（3）弯道修正二维模型考虑了横向输沙，计算结果较水深平均二维模型有了很大改善，计算耗时与水深平均二维模型相差无几，但修正模型的效果对流速、含沙量分布的依赖较大。

参考文献

[1] B E Launder. Application of a second – moment turbulence closure to heat and mass transport in thin shear flows – dimensional transport[J]. Int J Heat Mass Transfer, 22:1633-1643.

[2]Van Rijn, Mathematical modeling of morphological process in the case of suspended sediment transport [R]. Delft Hydr., Communication, No. 382.

[3]Celik I, Rodi W. Modelling suspended sediment transport in non – equilibrium situations[J]. J. Hydr. Eng, ASCE, 114(10):1157-1191.

[4]Wu W M, Rodi W. 3D numerical model for suspended sediment transport in open channels[J]. J. Hydr. Engg, ASCE, 126(1)4-15.

[5]Mc Corquodale. simulalion of curved open channel fl ows by 3D hydrodynamic model[J]. J. Hydr. Eng. ASCE, 118: 687-198.

[6]Einstein H A. The bed – load function for sediment transportation in open channel flows, united stats department of agriculture soci. Conservation severs, Washington D. C., 1950.

[7]Smith J D, Mclean S R. Spatially averaged flow over a wavy surface[J]. J. Geophys Res, 1977, 82(12): 11735-1746.

[8]Van Rijn. Sediment transport, part Ⅰ: suspended load transport[J]. J. Hydr. Engrg., ASCE, 1984, 110 (11):1613-1641.

[9]崔侠.剖面二维数学模型的研究[D].武汉:武汉水利电力学院,1984.

[10] Van Rijn L C. Sediment transport, part Ⅱ: Bed load transport[J]. J. Hydr. Engrg., ASCE, 1984, 110 (10):1431-1456.

[11]Meyer – Peter E, Muller R. Formulas for bed load transport, Trans. of Int[J]. Association for Hydraulic Res., Second Meeting. Stockholm. 1948, 39-65.

[12]Cebici T, Braclshan. Momentum Transfer in Boundary Layers [M]. Hemisphere Publishing Corporation, 1977.

[13]Fang H W. and Wang G Q. Three – dimensional mathematic model of suspended – sediment transport [J]. J. Hydr. Eng. ASCE, 2000. 126(8): 578-592.

[14]韦直林.二度恒定流中泥沙淤积过程的研究[J].武汉水利电力学报,1982(4).

第6章　水沙数学模型前后处理及二维、三维嵌套水流模型应用

前后处理技术是河流水沙数值模拟中的重要组成部分，前处理包括地形资料的获取、网格的自动剖分、水文资料的概化等，后处理技术包括流场、流(迹)线、地形图的绘制等。这些处理当中主要是图元文件与数据文件的相互转化，快捷、方便的前后处理技术也在一定程度上促进了数值模拟技术的发展。

三维水流数学模型可成功模拟复杂流场，有助于了解水流细部结构，精度较高；但进行长系列、大范围的计算时，又因问题复杂、计算量较大而限制其应用发展。通常，弯道段往往只是计算区域的一部分，弯道还包括进口顺直段与出口顺直段，连续弯道还包括过渡段，所以若整个流场利用三维计算势必造成很大的麻烦与浪费。为了既保证弯道段的精度，又尽可能的节约计算时间，使模型具有一定的准确性和经济性，本书2.8节中建立了二维、三维嵌套水流模型，本模型平面基于同一套正交曲线网格，计算中二维、三维相互提供边界条件，操作方便、简单易行。

本章第一部分介绍基于正交曲线网格的河流水沙数学模型基本前后处理技术。本章第二部分以天然河道为例，介绍二维、三维水流嵌套模型的应用，并进行水位、流场分析。

6.1　水沙数学模型基本前后处理技术

6.1.1　正交曲线网格的生成

生成正交曲线网格的方法主要有代数生成法、共映照法和椭圆型方程法等。其中，又以20世纪70年代中期J. F. Thompson[1]等提出的椭圆型方程法应用较多。以平面问题为例，选用一组椭圆型方程作为控制方程并进行坐标转换[2]，其形式为

$$\left.\begin{aligned}\nabla\xi &= p(x,y)\\ \nabla\eta &= q(x,y)\end{aligned}\right\}\tag{6-1}$$

式中：$p(x,y)$、$q(x,y)$ 为调节因子，相当于点源。

式(6-1)的物理意义在于：由物理平面内一点 (x,y) 求计算平面内一点 (ξ,η)。由于物理平面不规则，边界条件也不好应用；反过来看，由计算平面内一点 (ξ,η) 求物理平面内对应点 (x,y)，则问题可大为简化，因为计算平面为一边界分别平行于坐标轴的长方形，边界规则且内部节点只需取在整数坐标上即可进行数值计算。此时方程组表示为

$$\left.\begin{aligned}\alpha\frac{\partial^2 x}{\partial\xi^2}-2\beta\frac{\partial^2 x}{\partial\xi\partial\eta}+\gamma\frac{\partial^2 x}{\partial\eta^2} &= -J^2\left(P\frac{\partial x}{\partial\xi}+Q\frac{\partial x}{\partial\eta}\right)\\ \alpha\frac{\partial^2 y}{\partial\xi^2}-2\beta\frac{\partial^2 y}{\partial\xi\partial\eta}+\gamma\frac{\partial^2 y}{\partial\eta^2} &= -J^2\left(P\frac{\partial y}{\partial\xi}+Q\frac{\partial y}{\partial\eta}\right)\end{aligned}\right\}\tag{6-2}$$

其中，$\alpha = x_\eta^{\ 2} + y_\eta^{\ 2}$，$\beta = x_\xi x_\eta + y_\xi y_\eta$，$\gamma = x_\xi^{\ 2} + y_\xi^{\ 2}$。

已知边界条件：$(\xi_i, \eta_i) \Leftrightarrow (x_i, y_i)$，$(\xi_i, \eta_i)$，$(x_i, y_i)$ 分别为两平面计算边界上的对应点。

在求解式(6-2)的过程中(也即网格生成过程中)，边界上节点的坐标由初始值确定，且不参与计算，但边界节点正交性的好坏将直接影响生成网格的质量。为了改善边界节点的正交性，可以采用滑动边界，在每次计算结束后对边界进行调整，重新进行计算，经过调整后的网格正交性将得到很大改善。

关于内部点源调节因子 p、q 已有很多研究，可参考文献[3]~[7]。

关于式(6-2)的解法，此方程组为带有非常源项的各向异性扩散问题，且 x、y 交互在一起，求解非常困难，这里采用有限分析法进行数值计算，离散格式为：

$$\left.\begin{aligned} x_{i,j,k} &= \frac{\alpha(x_{i+1,j,k} + x_{i-1,j,k}) + \gamma(x_{i,j+1,k} + x_{i,j-1,k}) - 2\beta \dfrac{\partial^2 x}{\partial\xi\partial\eta} + J^2\left[\dfrac{\partial}{\partial\xi}\left(\dfrac{\partial p}{\partial x}\right) + \dfrac{\partial}{\partial\eta}\left(\dfrac{\partial Q}{\partial x}\right)\right]}{2(\alpha+\gamma)} \\ y_{i,j,k} &= \frac{\alpha(y_{i+1,j,k} + y_{i-1,j,k}) + \gamma(y_{i,j+1,k} + y_{i,j-1,k}) - 2\beta \dfrac{\partial^2 y}{\partial\xi\partial\eta} + J^2\left[\dfrac{\partial}{\partial\xi}\left(\dfrac{\partial p}{\partial y}\right) + \dfrac{\partial}{\partial\eta}\left(\dfrac{\partial Q}{\partial y}\right)\right]}{2(\alpha+\gamma)} \\ z_{i,j,k} &= \zeta_{i,j,k} \end{aligned}\right\} \tag{6-3}$$

网格的生成可采用控制断面法(张细兵,2005)，具体做法如下：

(1)绘制天然河道轮廓线，在河道上布置控制断面，控制断面要基本反映河道外形，见图 6-1。

(2)在断面上沿河宽输入网格数，断面之间则可按设定距离进行节点划分，得到初始网格。

(3)采用式(6-3)进行迭代，便可得到正交曲线网格，见图 6-2。

6.1.2 河道地形数值化过程与背景网格生成

地形资料是模型计算的必备条件，目前一般的地形资料都是以 CAD 格式存取的，外在表现为直观明了的图元文件。在数值模拟的过程中，则是需要以数据文件为基础的地形资料来准确描述计算区域的地形特征，因此需要实现图元文件与文本信息之间方便易行地相互转化。

具体做法是，将 CAD 图形存为 DXF 数据交换格式，然后只需判断、识别、挑选、重新组合、剔除即可得到所需的散点文本数据。DXF 格式是 CAD 图形文件中所包含的全部信息的标记数据的一种表示方法。DXF 文件本质上是由成对的代码与代码关联的值组成的，此外，该文件中包含大量其他信息，其储存格式如下[8]：

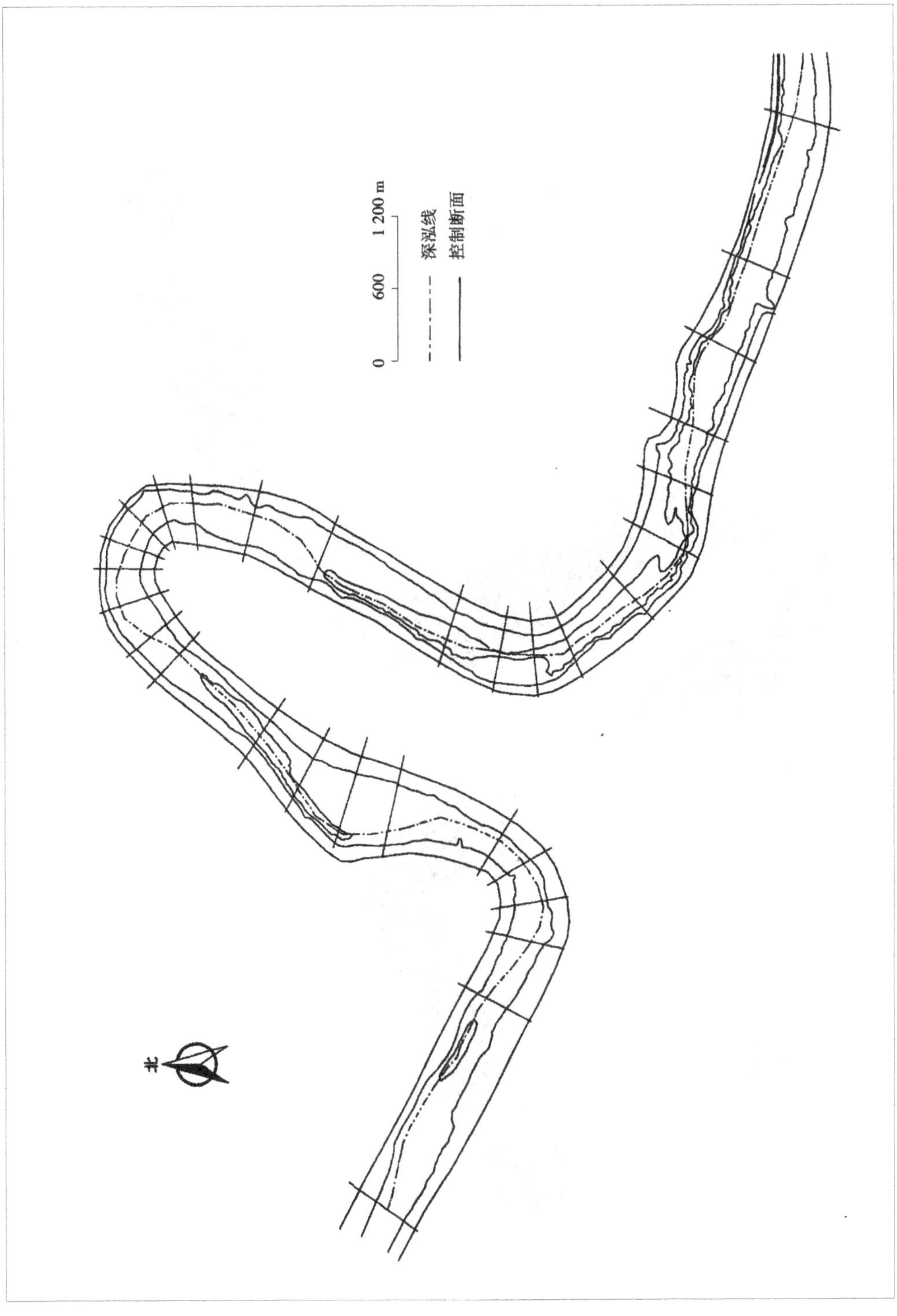

图6-1　河段控制断面图

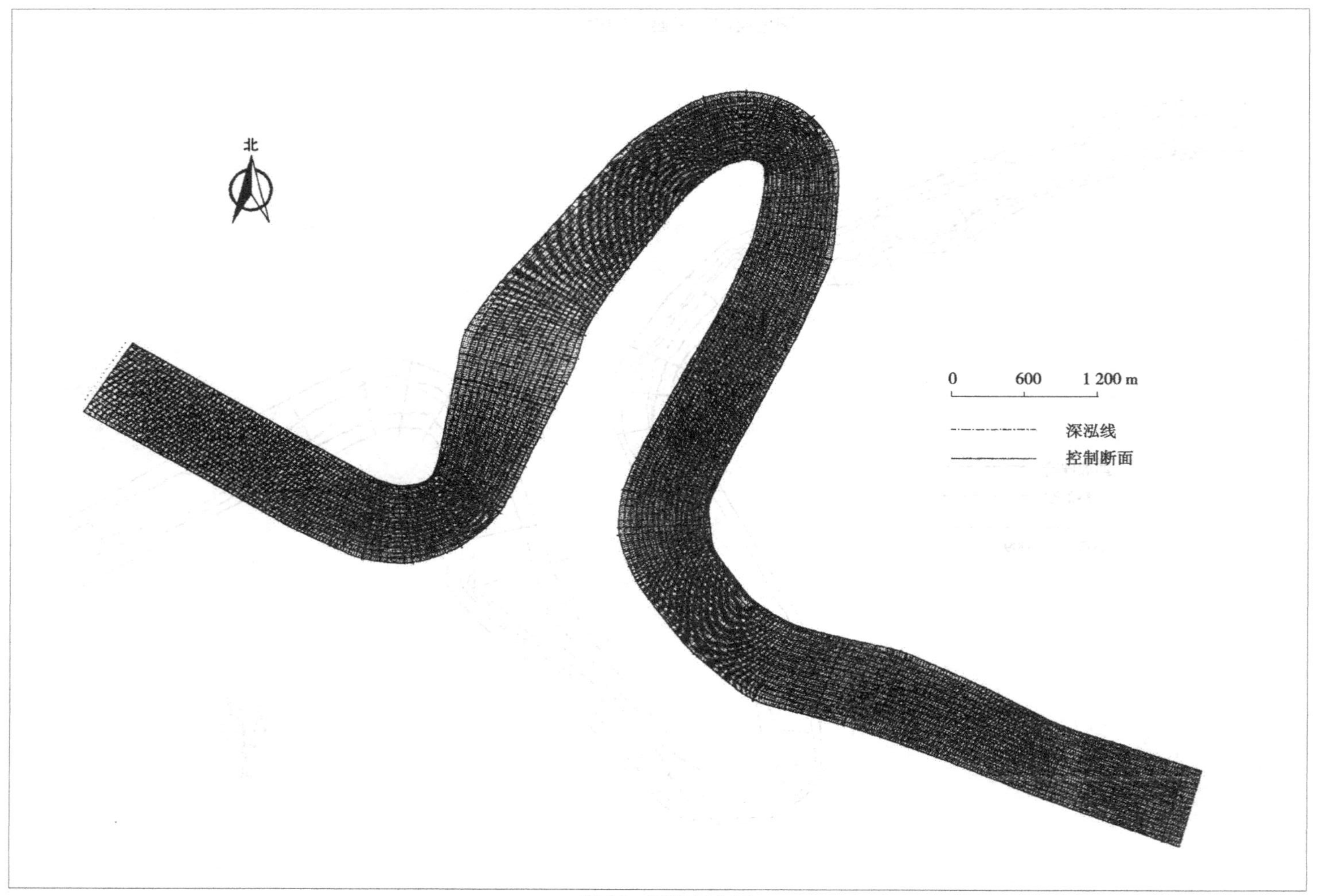

图6-2 网格剖分图

⋮

10……………………………… X 识别符

123 456.00………………… X 坐标

20……………………………… Y 识别符

234 567.00………………… Y 坐标

30………………………………识别符

100.00……………………高程值

⋮

而我们关心的仅是某图层上的散点信息 X 、Y 、Z ，所以我们只需在文件中判断语句是不是我们需要的信息，挑选出来重新组合成散点数据格式：

X	Y	Z
123 456.00	234 567.00	100.00

⋮

但是，由于 CAD 图形中图元文件的复杂性，可能有一些重点，距离过近的点，或是不在某一要求范围之内的点，需要剔除以免生成背景网格带来多余的麻烦。

得到散点数据后，可以把散点进行三角形网格化，具体步骤如下：

（1）确定 A、B 两点，以 AB 为扩展边，搜寻点 C，使得 $\angle ACB$ 角度最大，组成 $\triangle ABC$，得到两个新的扩展边 AC、BC。

（2）以边 AC、BC 为新的扩展边，再进行扩展。

（3）如此重复，直到扩展不出新的三角形。

图 6-3 为铺沙后的弯道水槽地形生成的背景网格图，河道形态照片见图 3-5。

6.1.3 流场、流（迹）线的绘制

数据文本形式的流场计算结果，可以通过运用计算机图形学和图像处理技术，转化为比较直观的图形文件。

6.1.3.1 流场的绘制

可以用箭头的长短（或同时配以冷暖色调）表示流速的大小，以箭头的指向表示流速的方向。一个箭头可由一条主线、两条翼线组成，共计四点（或五点为燕尾形）。设主线的起点为点 1 (x_1, y_1) ，终点为点 2 (x_2, y_2) ，箭头长度为 $L = k\sqrt{u^2 + v^2}$ ，两翼长度 $l = aL$ ，与箭头主线夹角为 θ ，两翼线端点分别为点 3、4。点 2、3、4 的坐标很容易由 (x_1, y_1) 、L 、a 、θ 表示出来。然后可通过程序语言（用直线命令 LINE 或多段线命令 PLINE 顺次连接几点）生成扩展名为.SCR 的执行文件，在 CAD 里调用即可。

6.1.3.2 流（迹）线的绘制

对于恒定流来说，流线和迹线重合，流（迹）线的绘制需将欧拉场转化为拉格朗日场，在进口确定某一流（迹）线的起点，判断落在哪一单元格中，采用本单元格的流速 $\vec{U}$ 与时段 $\mathrm{d}t$ 的乘积 $\vec{U}\mathrm{d}t$ 确定下一时刻该质点所处位置，如此直到该质点流出计算区域，便生成了质点在该流场的流线。

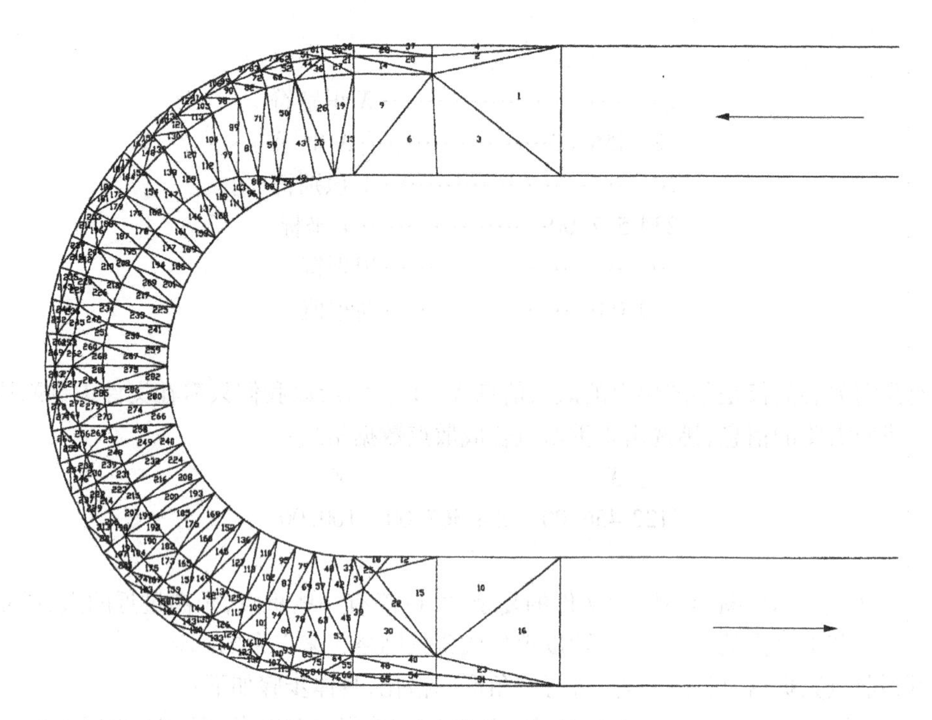

图 6-3 弯道水槽试验背景网格图

图 6-4 为弯道水槽计算流场、迹线套绘图。

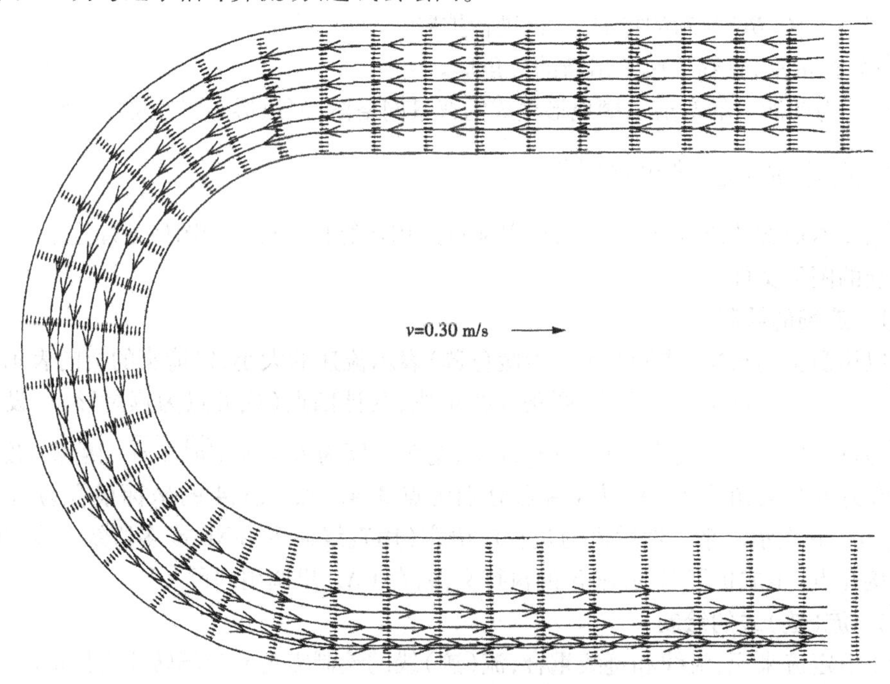

图 6-4 流场、迹线套绘线图

6.1.4 地形等高线、灰度图生成

地形等高线及灰度图的绘制这里主要介绍三角形和四边形方法。

6.1.4.1 三角形方法[9]

将计算后的河床地形三角形网格化,在边界处可插值得到某一需要关注高程 z_b ,然后依次向下追踪,直至等高线回到原点闭合或是延伸出边界。一旦等高线进入某三角形,问题变为寻找等高线 z_b 在此三角形的离开点位置。根据三角形顶点高程特征分为以下几种情况:

(1)三角形三个顶点高程不同,且顶点高程不等于 z_b ,等高线从另外两边上某点离开。

(2)三角形三个顶点高程不同,其中一个顶点高程等于 z_b ,若还存在另外一点,则在该点对边上。

(3)三角形有两个顶点高程相同,等高线从高程不等的两边通过。

(4)三角形有三个顶点高程相同,等高线走向取决于相邻三角形。

假定三角形一条边的高程分别为 z_1 、z_2 ,若满足 $(z_1 - z_b)(z_2 - z_b) < 0$,则等高线 z_b 通过该边,通过点的位置为

$$\left.\begin{aligned} X_t &= X_1 + \frac{(z_b - z_1)(X_2 - X_1)}{(z_2 - z_1)} \\ Y_t &= Y_1 + \frac{(z_b - z_1)(Y_2 - Y_1)}{(z_2 - z_1)} \end{aligned}\right\} \tag{6-4}$$

6.1.4.2 四边形方法[10]

适用于正交曲线网格的四边形追踪等值线方法简便实用,下面予以简单介绍:

(1)设基于正交曲线网格的绘图区域由 $IM \times JM$ 个网格点组成, X 、Y 方向的分割分别是 $i = 1,2,\cdots,IM;j = 1,2,\cdots,JM$ 。

(2)设当前追踪等值线的值为 z_b ,对于任一网格,假定网格边的值在两个相邻网格交点间是线性变化的;根据 $r = \frac{z_b - z(i,j)}{z(i+1,j) - z(i,j)}$ 或 $r = \frac{z_b - z(i,j)}{z(i,j+1) - z(i,j)}$ 分别判断纵、横边上是否具有当前等值点。

(3)连接等值点。等值线进入网格时的走向有 4 种可能:自下而上、自左而右、自上而下、自右往左进入。其中,自下而上、自左向右可以由该点所在行或列的序号判别进入的情况,而自上而下和自右向左由等值点相对坐标位置来判别。

地形填充图可以基于追踪生成的等值线,用 Fortran 程序语言(使用图案填充命令 HATCH,指定填充色调与图案,顺次连接形成闭合区域)生成扩展名为. SCR 的执行文件,在 CAD 调用绘图。

图 6-5 为弯道河床等值线填充图。

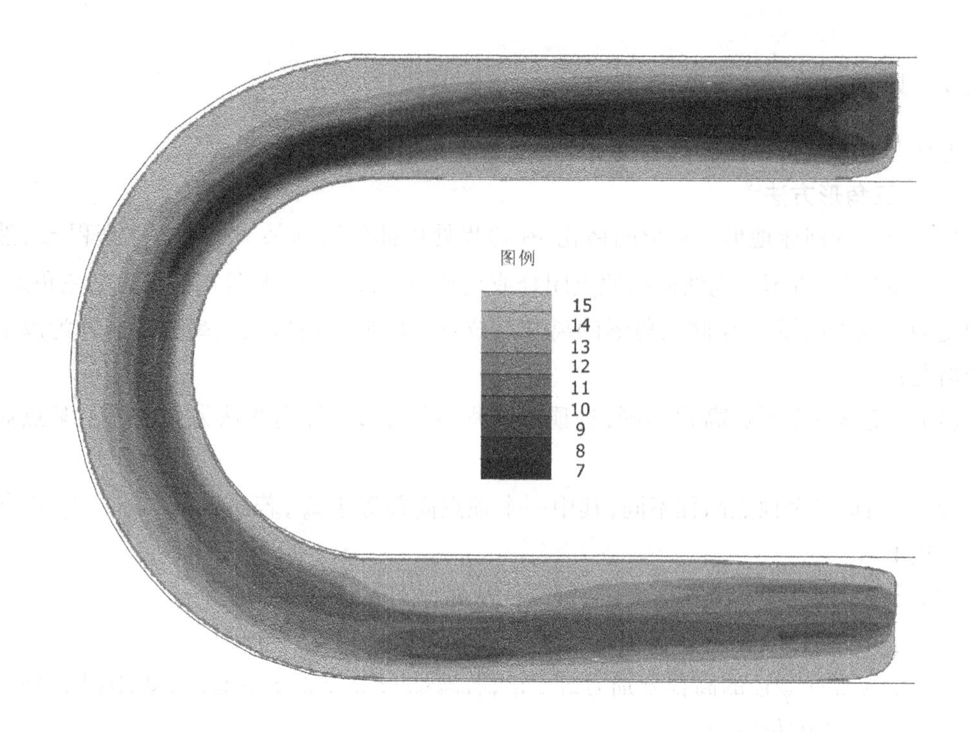

图6-5　河床高程等值线填充图　（单位:cm）

6.2　二维、三维嵌套水流模型的应用

6.2.1　计算河段概况

本计算河段约18 km,河道呈“几”字形。起始段顺直,距进口约2.6 km处经90°弯道,水流由东南向转为东北向,此为第一处弯道;在第一处弯道下游4 km处有180°弯道,水流由东北向转为西南向,此为第二处弯道;继而河道顺直下行,约3 km处出现第三处弯道,水流由西南向转为东南向,河道较顺直直至出口。

6.2.2　水文条件及参数的确定

本计算河段洪水流量约为30 000 m^3/s,水位约为218 m;糙率经率定主槽取为0.028～0.030、滩地取为0.033～0.045。

6.2.3　网格剖分

计算河段河势图及网格剖分分别见图6-1、图6-2。网格节点数为330×80个,沿水流方向网格间距30～60 m,垂直水流方向网格间距约为10 m。

三处河湾处为三维计算段,三维计算段纵向网格起、至点分别为35～80、130～170、210～255,其余区间为二维计算河段,共四段。

6.2.4 计算结果分析

6.2.4.1 水位分析

图 6-6 为整个计算河段水位图。从图 6-6 中可以看出，整个计算区域水面连续平顺，二维、三维连接处水面过渡自然合理。弯道段水面是扭曲的，凹岸的水位线是一条上凸的曲线，而凸岸的水位线是一条下凹的曲线；在横断面上凹岸水位高，凸岸水面低，有显著的横比降存在。整个计算河段水位定性合理。

6.2.4.2 流场分析

1. 水深平均流场

为呈现整个计算区域流速分布特性，便于分析对比二维、三维区域结果，将三维计算区域取水深平均流速与二维段进行整体套绘，得整个计算河段水深平均流场，见图 6-7。

从图中可以看出，整个计算流场滩槽区分明显，二维、三维交接处流态基本平顺，顺直的二维计算段主流居中，弯道段主流则有偏靠外岸趋势，纵向流速沿程不断发生平衡性调整。从定性上来看计算流场合理。

2. 三维计算段分层流场

图 6-8 分别为三维计算河段表层及底层纵向流速分布图。从图 6-8 中可以看出，弯道纵向流速分布沿横向及沿流程都不断发生改变，断面最大纵向流速在进入弯道后向凹岸偏移。对比表、底层流速，可明显看出底层流速偏向凸岸，而表层流速偏向凹岸。

3. 断面横向流速分布

图 6-9 为三维计算河段弯顶处的横向流速分布图。由图 6-9 中可以看出，横断面出现由表层指向凹岸、由底层指向凸岸的环流，由于受上、下游及局部地形影响，横断面局部流态稍有紊乱，或断面出现多个环流中心。

参考文献

[1]陶文铨. 数值计算传热学[M]. 西安：西安交通大学出版社，1988.
[2]陈景仁. 湍流模型及其有限分析法[M]. 上海：上海交通大学出版社，1989.
[3]朱自强，等. 应用计算流体力学[M]. 北京：北京航空航天大学出版社，1998.
[4]Zhao Mingdeng. Grid Generation and Numerical Simulation in 2 – D River Flow[J]. Journal of Hydrodynamics. Ser. B, 2001,13(2).
[5]魏文礼，等. 正交网格生成技术的一点改进[J]. 武汉水利电力大学学报，2000(4).
[6]王德意，魏文礼，等. 正交曲线网格生成技术研究[J]. 西安理工大学学报，2000(2).
[7]李炜著. 黏性流体的混合有限分析解法[M]. 北京：科学出版社，2000.
[8]陈敏林，余明辉，宋维胜. 水利水电工程 CAD 技术[M]. 武汉：武汉大学出版社，2004.
[9] 王鹃，洪志全. 基于 Delaunay 三角网的地应力等值线生成算法[J]. 计算机应用，2008(2).
[10]刘堃，潘地林，朱仁道. 基于规则网格等值线生成算法及其应用[J]. 煤炭技术，2008(4).

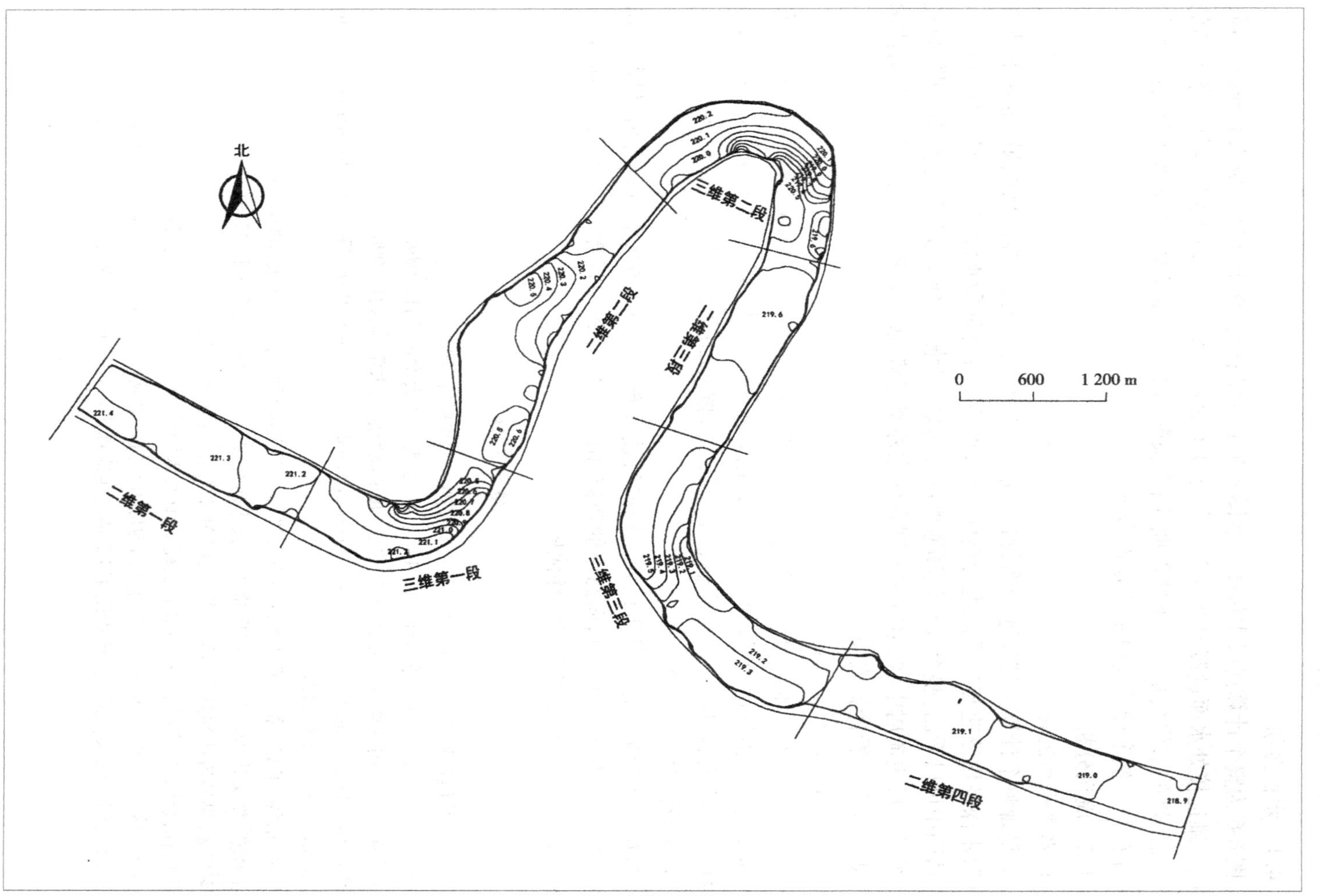
北
0
600
1 200 m
二维第一段
三维第一段
二维第二段
三维第二段
二维第三段
三维第三段
二维第四段
221.4
221.3
221.2
220.2
220.3
220.4
220.5
219.6
219.1
219.2
219.3
219.0
218.9

图6-6 计算河段水位图

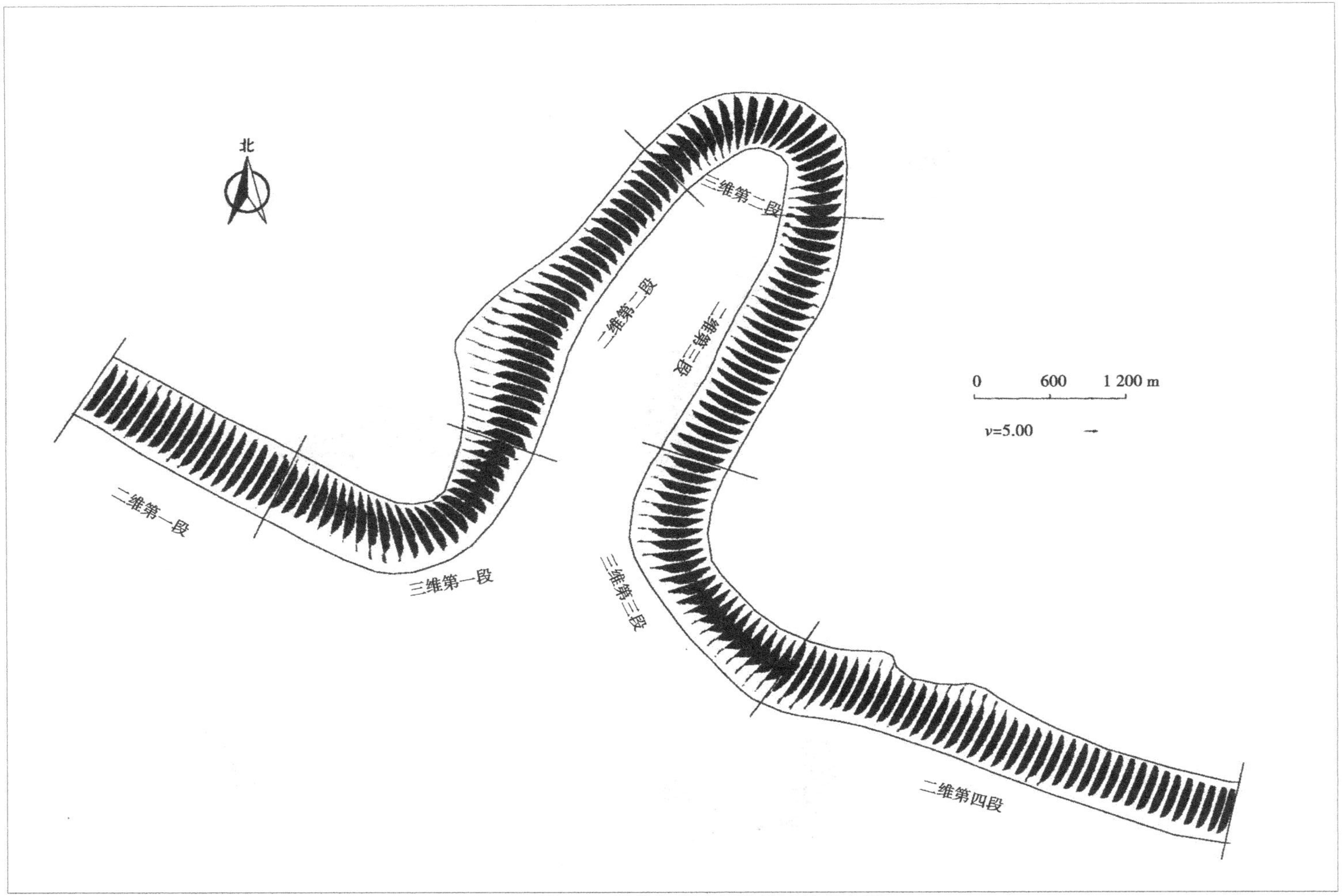

图6-7　计算河段水深平均流速分布图

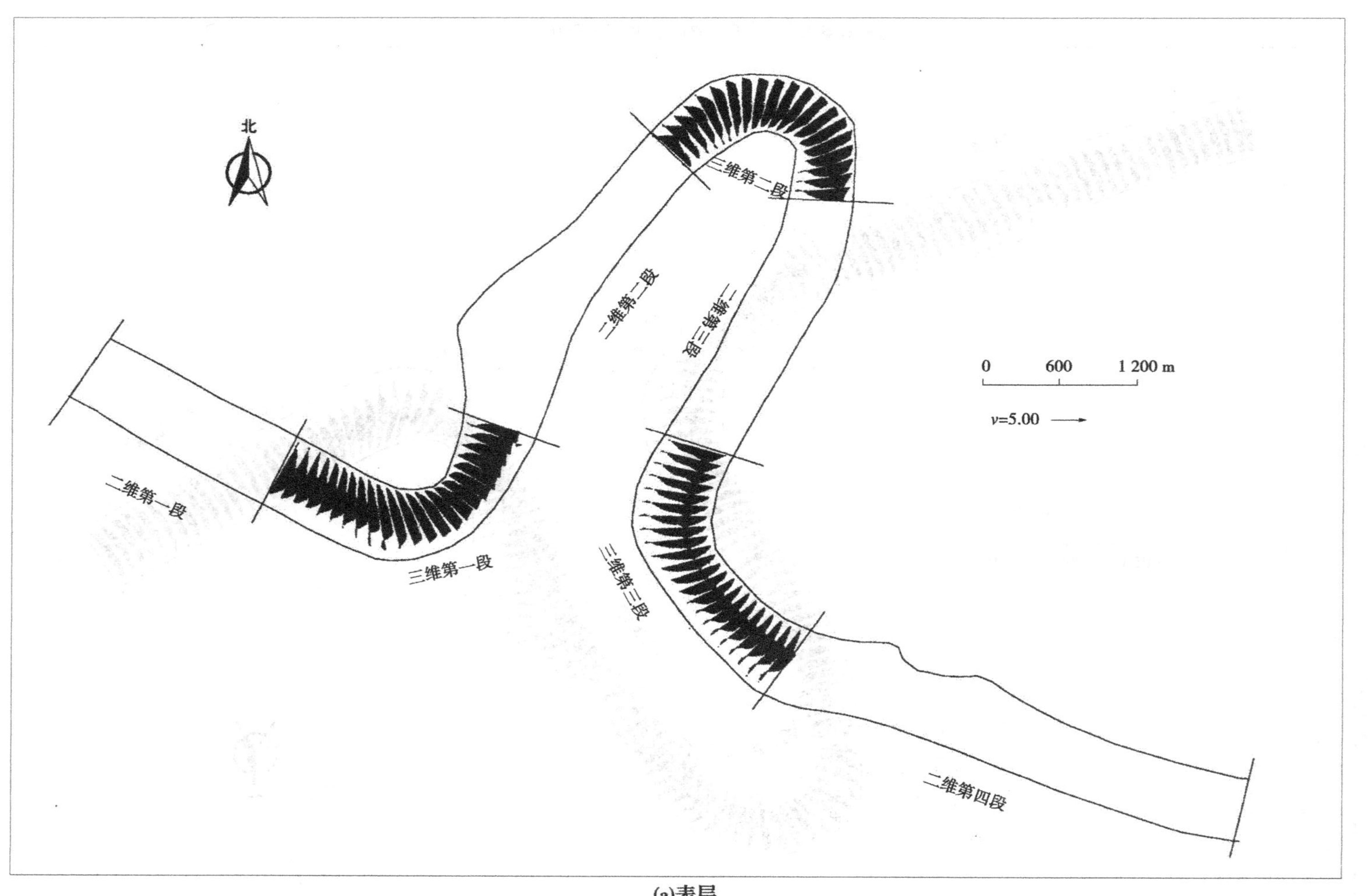

(a)表层

图6-8　三维计算区域流速分布图

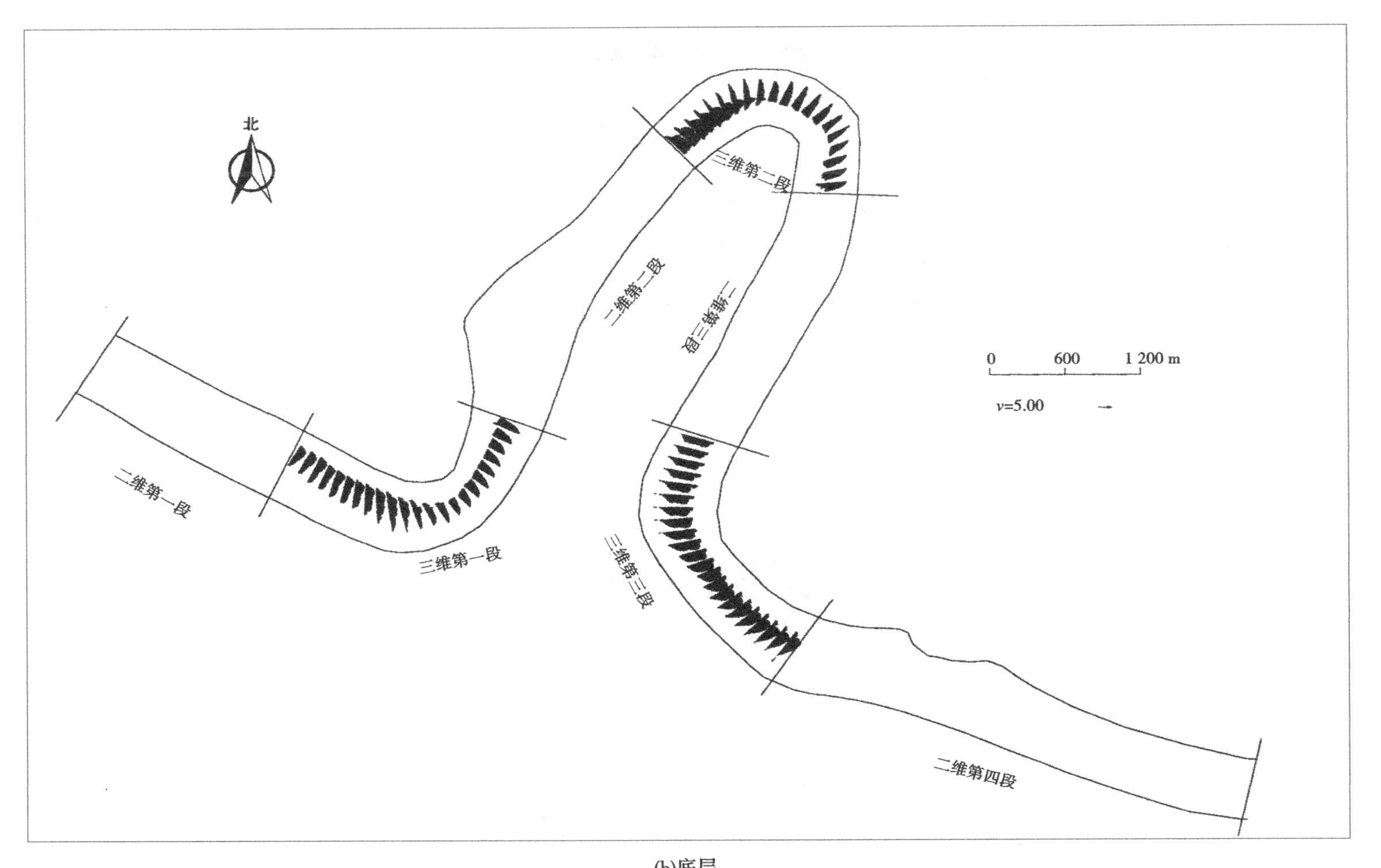

(b)底层

续图6-8

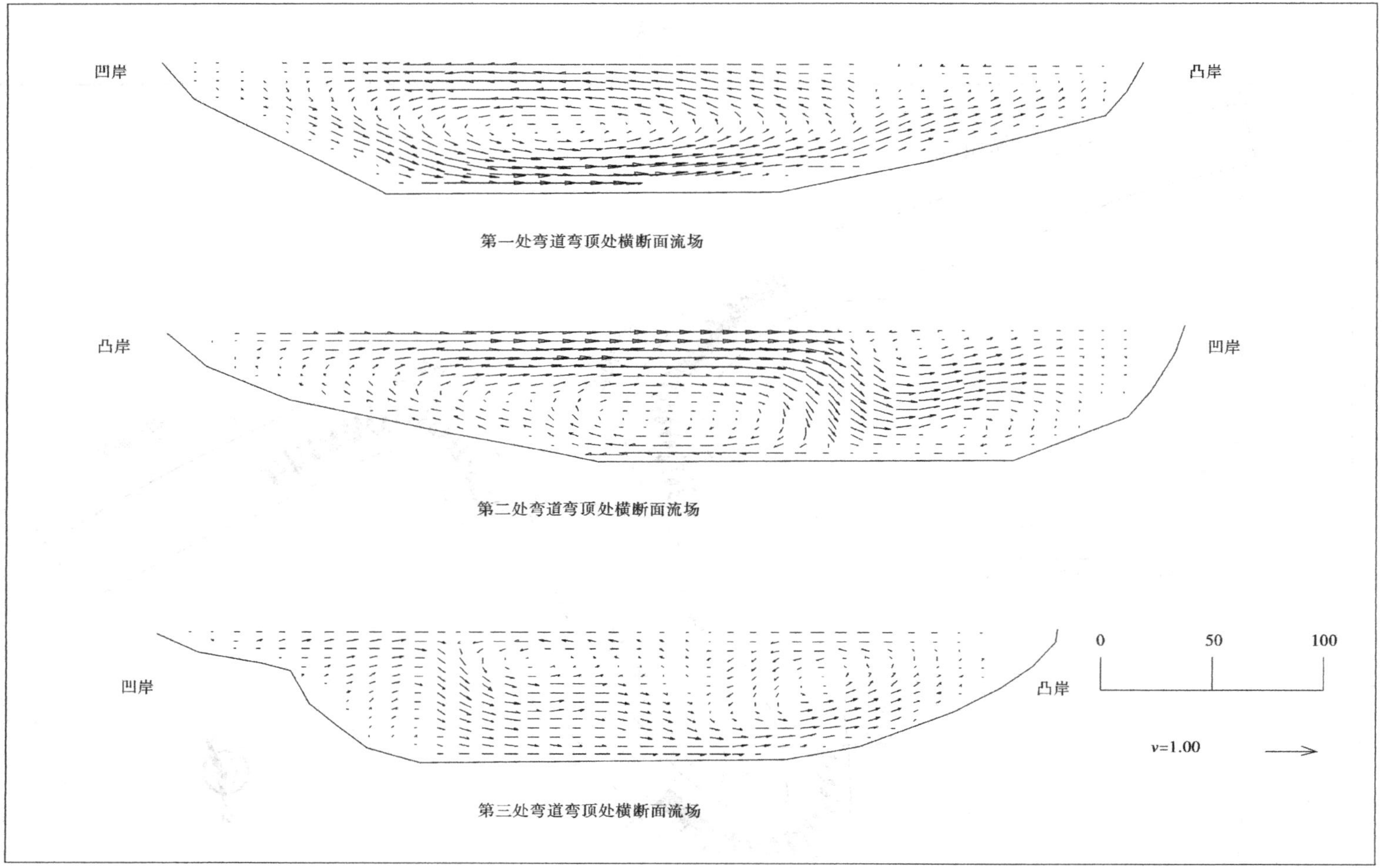

凹岸
凸岸

第一处弯道弯顶处横断面流场

凸岸
凹岸

第二处弯道弯顶处横断面流场

凹岸
凸岸
0
50
100
v=1.00

第三处弯道弯顶处横断面流场

图6-9　三维计算段弯顶处的横向流速分布图

第7章 弯道数学模型在黄河中的应用

7.1 黄河小北干流引水渠效果计算分析

采用弯道水流泥沙数学模型进行了小北干流放淤工程输沙渠(简称“输沙渠”)溢流堰分水分沙计算及淤粗排细效果分析。

综合考虑输沙渠河段河势、溢流堰分沙可能影响范围及监测断面布置等因素,选取输沙渠进口至输沙渠出口长约2.1 km的河段作为数学模型验证计算河段。计算河段按输沙渠设计进行地形控制,计算中考虑凸岸淤积影响,进行局部地形修改。计算区域采用正交曲线网格划分,网格节点数为340×20个,在溢流堰处进行局部网格加密,溢流堰处沿水流方向网格间距2~3 m,垂直水流方向网格间距1~2 m。计算河段河势及网格地形见图7-1。

7.1.1 计算条件

采用小北干流放淤试验实测水沙资料(2005年8月14日17点30分至15日19点0分时段平均值)进行验证计算。本书主要选取输沙渠进口$Q1$断面、溢流堰1出口$S1$断面、弯道2进口(又为弯道1出口)$Q6$断面、流堰2出口$S2$断面及输沙渠出口$Q10$断面进行对比计算,详细布置见图7-1。

计算水流泥沙条件见表7-1。

表7-1 2005年小北干流放淤水流泥沙

输沙渠进口流量(m^3/s)	输沙渠进口含沙量(kg/m^3)	输沙渠出口水位(m)	溢流堰流量(m^3/s)
84.27	46.84	水位流量关系查得	上7.8 下10.25

7.1.2 计算结果分析

7.1.2.1 水面线验证分析

由于计算条件无实测水位验证资料,计算中采用测验断面设计水深进行控制,各测验断面水深见表7-2。

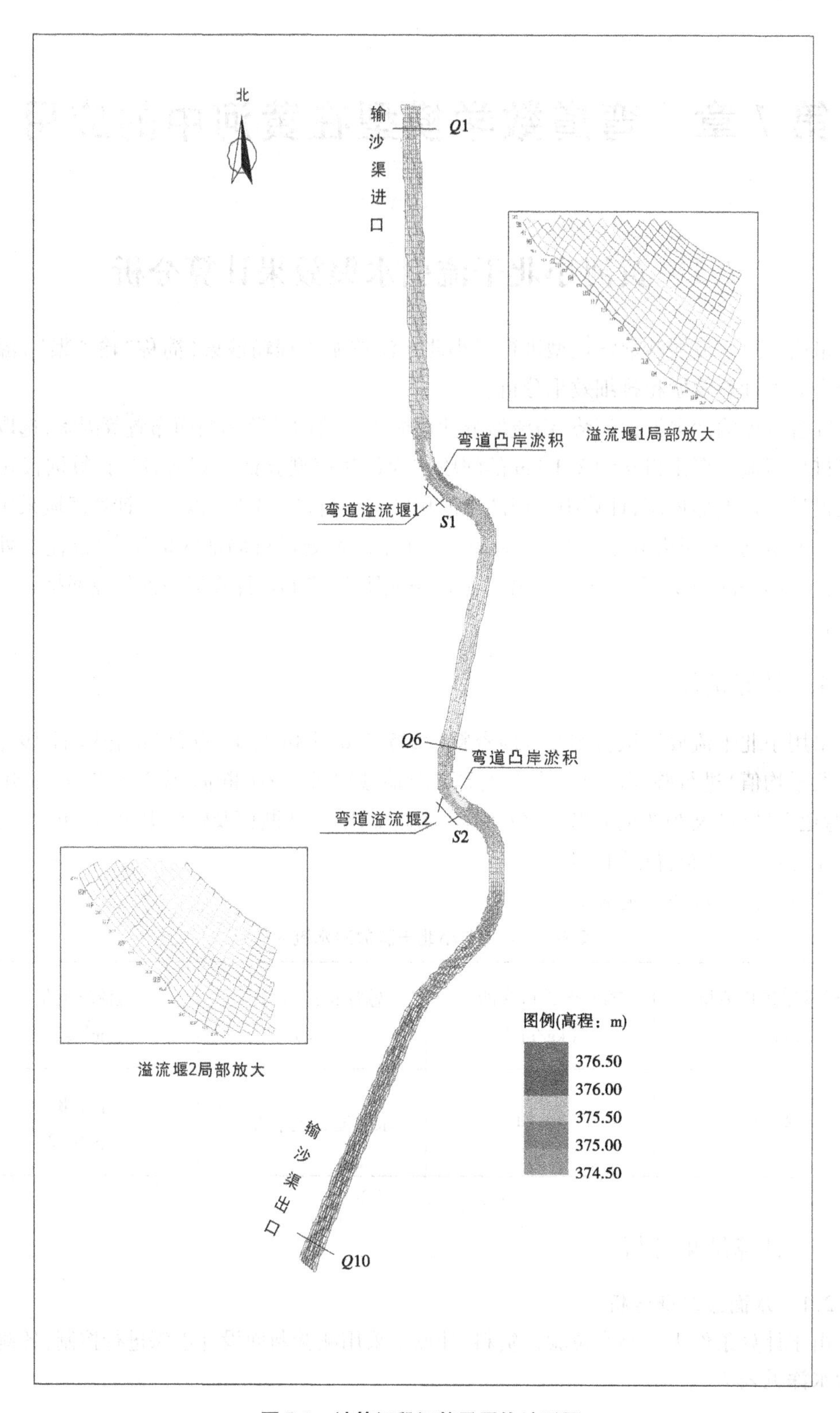

图 7-1　计算河段河势及网格地形图

表 7-2　验证计算水深控制　（单位:m）

断面	$Q1$	$S1$	$Q6$	$S2$	$Q10$
设计水深	2.07	0.62	1.69	0.49	1.50
计算水深	2.09	0.61	1.67	0.48	1.51

7.1.2.2　流速及溢流堰分流验证分析

计算条件下输沙渠及溢流堰计算流场见图 7-2,从图中可以看出,计算流场变化平顺,溢流堰分流自然明显,弯道凹岸流速较大,凸岸流速较小;主流带依河势自弯道进口摆至凹岸,出弯后自然回归河道中央,定性上来看比较合理。

表 7-3 进一步给出了各测验断面流量对比成果。经统计,断面流量的计算值与实测值的误差一般在 ±5% 以内,由此可见,计算断面流量分布与实测值符合较好。

表 7-3　验证计算流量比较　（单位:m^3/s）

断面	$Q1$	$S1$	$Q6$	$S2$	$Q10$
实测流量	84.27	7.80	76.47	10.75	65.72
计算流量	84.27	7.91	76.25	10.64	65.75
流量误差	0	0.11	-0.22	-0.11	0.03

7.1.2.3　含沙量及溢流堰分沙验证分析

计算条件下全沙含沙量及粗沙含沙量分布见图 7-3 和图 7-4,从图中可以看出,含沙量分布符合弯道泥沙基本规律,溢流堰分沙效果明显,定性上来看比较合理。

表 7-4 进一步给出了各测验断面含沙量分布成果。经统计,断面含沙量分布的计算值与实测值的误差一般在 10% 以内,泥沙总量基本守恒性好。由此可见,计算断面含沙量分布与实测值符合较好。

表 7-4　验证计算含沙量分布比较　（单位:kg/m^3）

分类		$Q1$	$S1$	$Q6$	$S2$	$Q10$
全沙	实测	46.84	44.27	47.09	44.36	47.91
	计算	47.01	41.42	47.99	42.26	48.92
	误差(%)	0.17	-2.85	0.90	-2.10	1.01
细沙	实测	25.90	28.20	25.77	28.10	25.40
	计算	26.01	26.91	26.00	26.32	26.03
	误差(%)	0.11	-1.29	0.23	-1.78	0.63
中沙	实测	10.94	9.50	11.12	10.60	11.32
	计算	11.00	8.46	11.28	10.31	11.54
	误差(%)	-0.06	-1.04	0.16	-0.29	0.22
粗沙	实测	10.00	6.56	10.32	5.66	11.19
	计算	10.00	5.87	10.71	5.63	11.37
	误差(%)	0	-0.69	0.39	-0.03	0.18

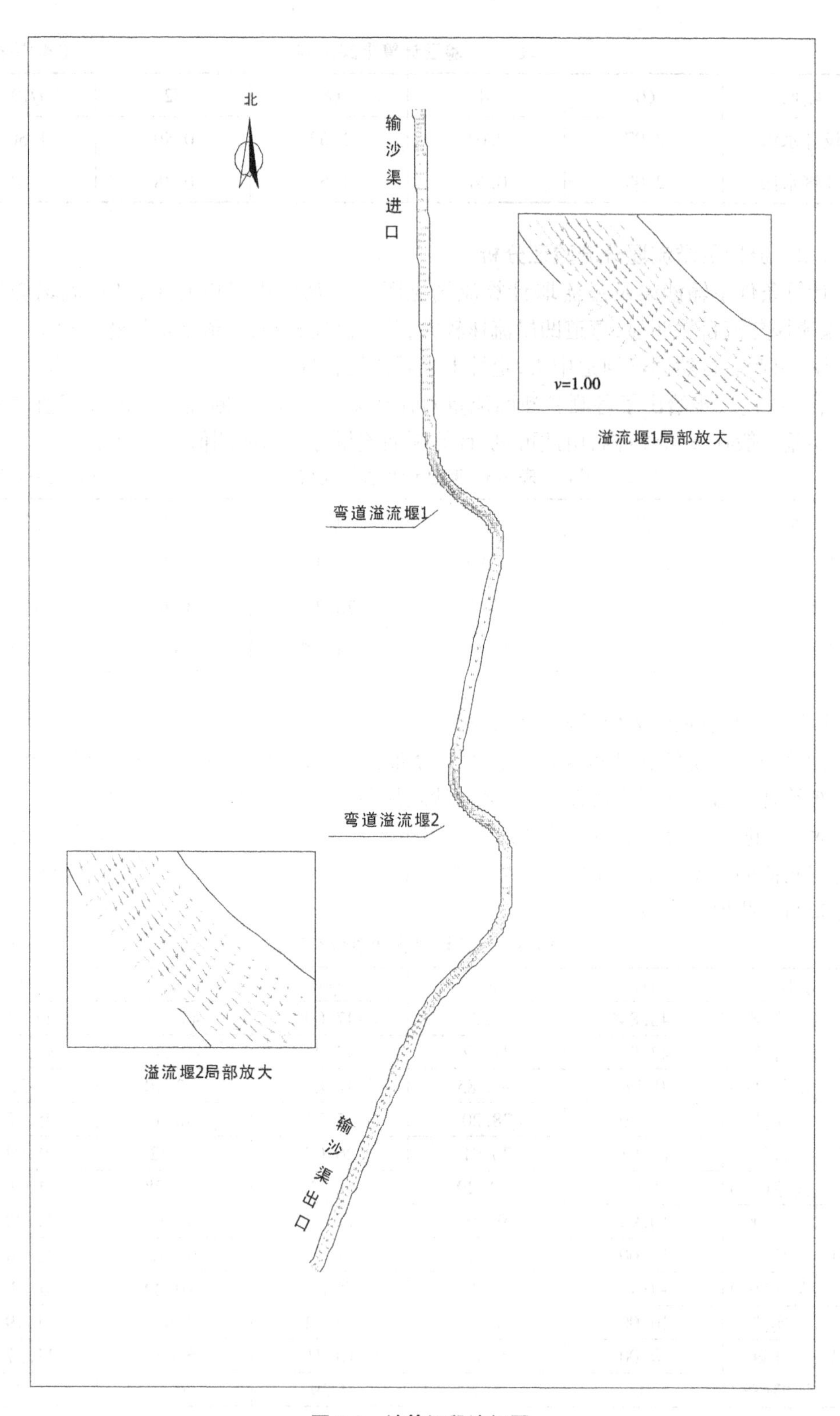

图 7-2　计算河段流场图

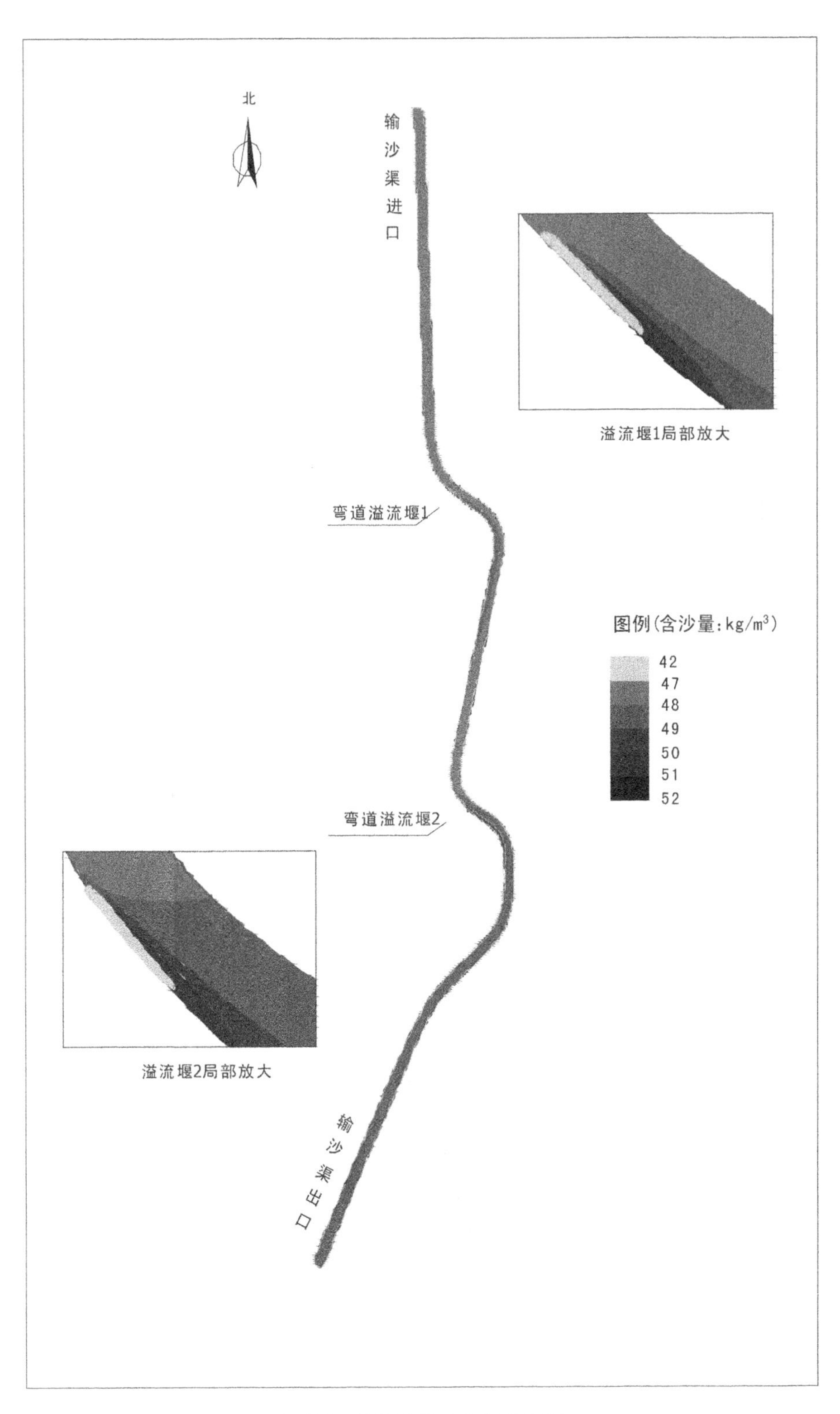

图 7-3　计算全沙含沙量分布图

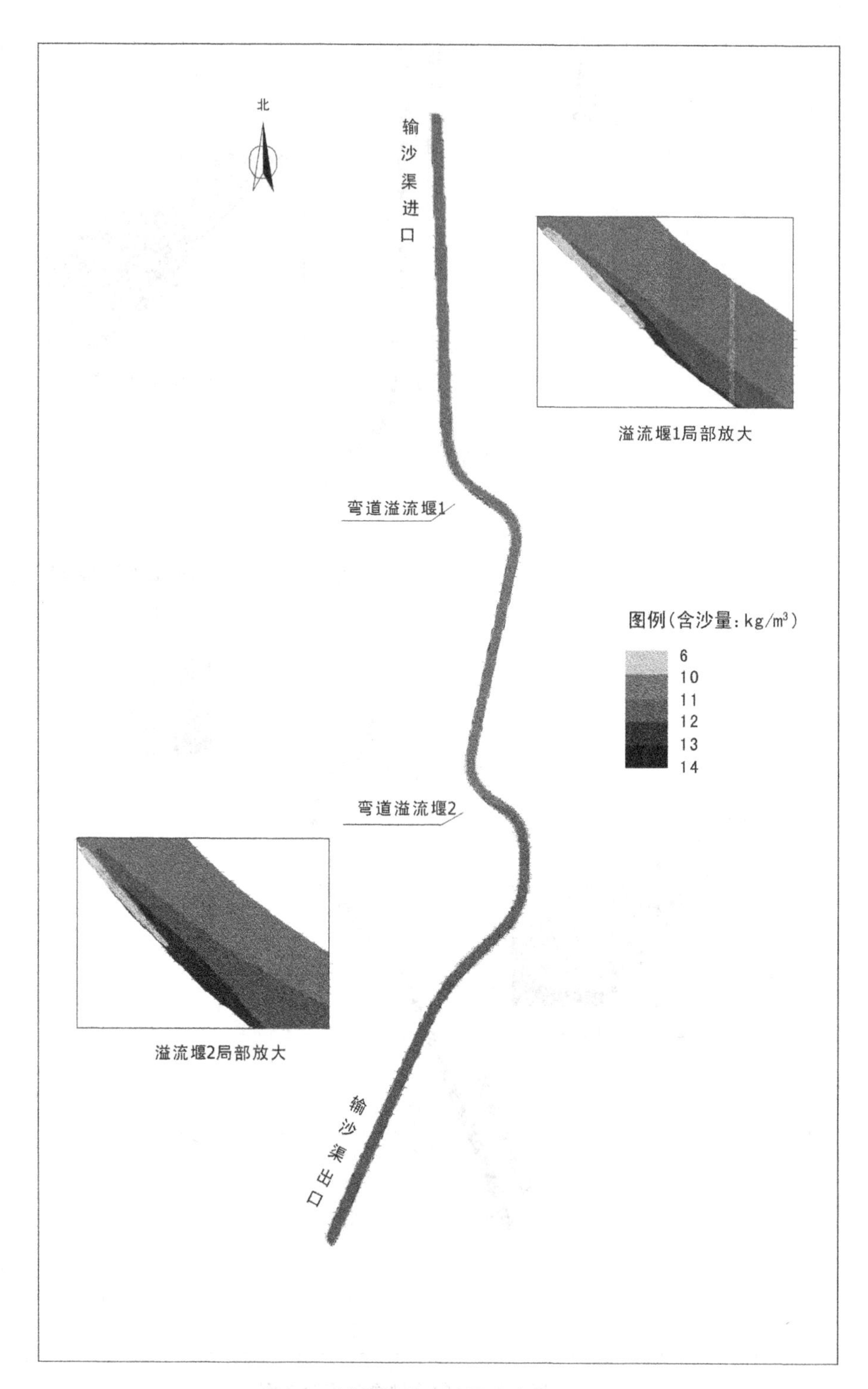

图7-4　计算粗沙含沙量分布图

7.2 黄河下游弯道计算分析

黄河下游河道为典型复式断面弯道段,具有宽阔滩地的非单一主槽河道。目前的研究仅限于主槽内,无法模拟上滩情形,或是将滩槽统一处理均进行动量修正,与实际情形尚有很大差距。

本书基于混合网格,在主槽内采用正交四边形网格、在滩地采用三角形网格,仅对主槽内的四边形网格进行动量修正,对滩地单元进行正常计算。不但对黄河下游复式弯道的水沙二次流进行模拟,而且与传统单一三角形网格相比节省了计算时间,精度和效率均有所提高。

7.2.1 计算条件

7.2.1.1 河段概况

本书拟选黄河下游弯曲河段地形资料等较为翔实并具有较高精度的伟那里—孙口测验河段为研究对象,该河段是一不受人工控制的比较完整的自然河湾,河段长 14.7 km,河道本身有两个相邻的“S”形河湾和三个直段组成。本段上首有伟那里水位站,尾端有孙口流量站。

7.2.1.2 地形及网格划分

利用黄河数值模拟系统相关功能模块生成数字高程模型(DEM)。地形概化主要分两个步骤来完成,首先要生成符合实际地形的内插断面,这样的内插断面原型黄河中没有,而是通过人工方法内插出来的;然后利用数学方法,将带有高程值的内插断面生成不规则三角网(TIN)。在内插断面和生成高程两个步骤中,内插断面是河槽地形概化的关键,也是技术难点。

黄河下游河道地形复杂、主槽弯曲、滩地宽阔,生成既能适应下游河道特征又能控制单元数量的改进网格成为提高二维模型速度和精度的关键。基于此,黄河数学模型攻关组研制了混合网格的生成技术,网格剖分见图 7-5。

7.2.1.3 水沙条件

计算条件为 1958 年大洪水,计算河段洪水上滩。

7.2.2 计算结果分析

7.2.2.1 流速分布

图 7-6 为计算河段流速分布图,从图 7-6 中可以看出,最大流速带位于主槽,主流带表现与河道平面形态、地形相适应,在弯道处,最大流速带靠近凹岸,水流入湾、出湾与天然流场表现状态相同。

依据该河段的水文泥沙观测资料点绘了断面 CS30、断面 CS54 处的流速横向分布,见图 7-7。从图 7-7 中可以看出,计算的断面垂线平均最大流速点的流速大小及位置与实测值趋势一致,弯道二维模型较传统二维流速分布有所改善。

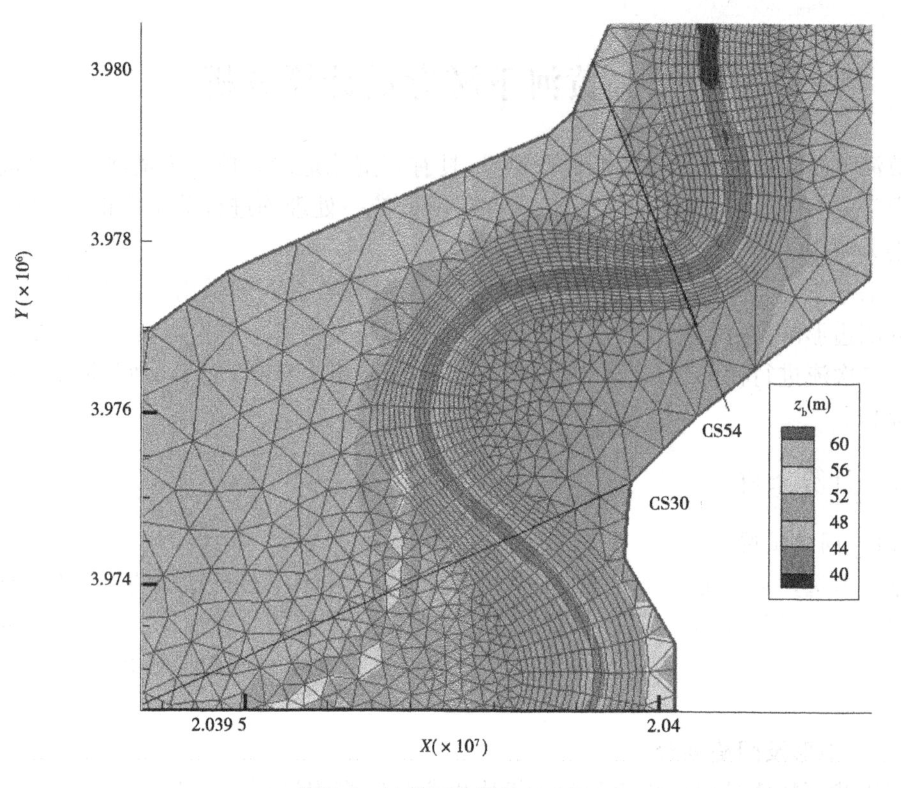

图 7-5　计算河段网格剖分图

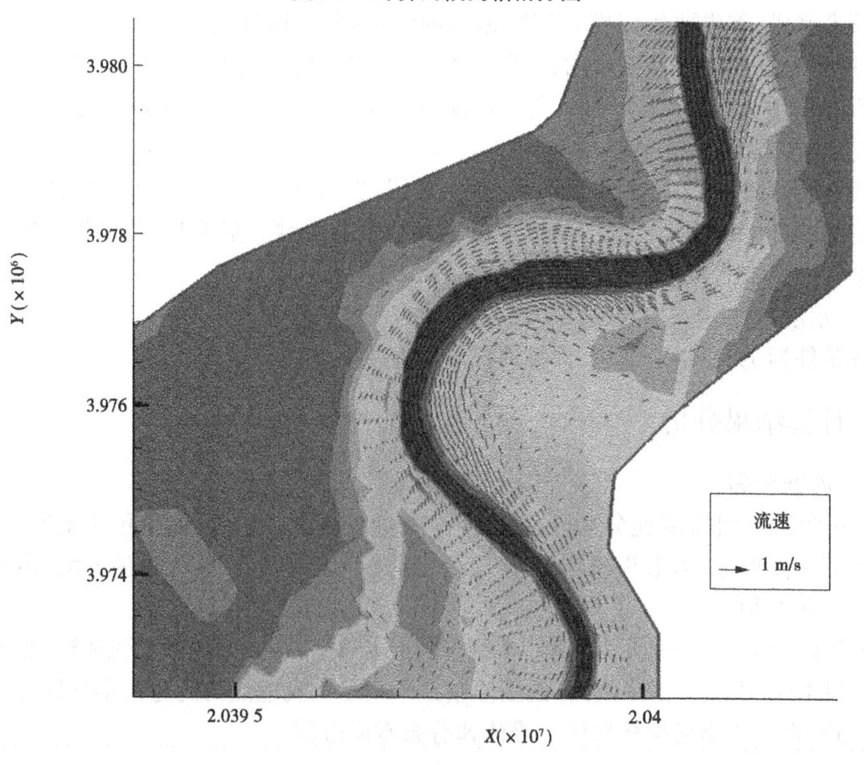

图 7-6　计算河段流速分布图

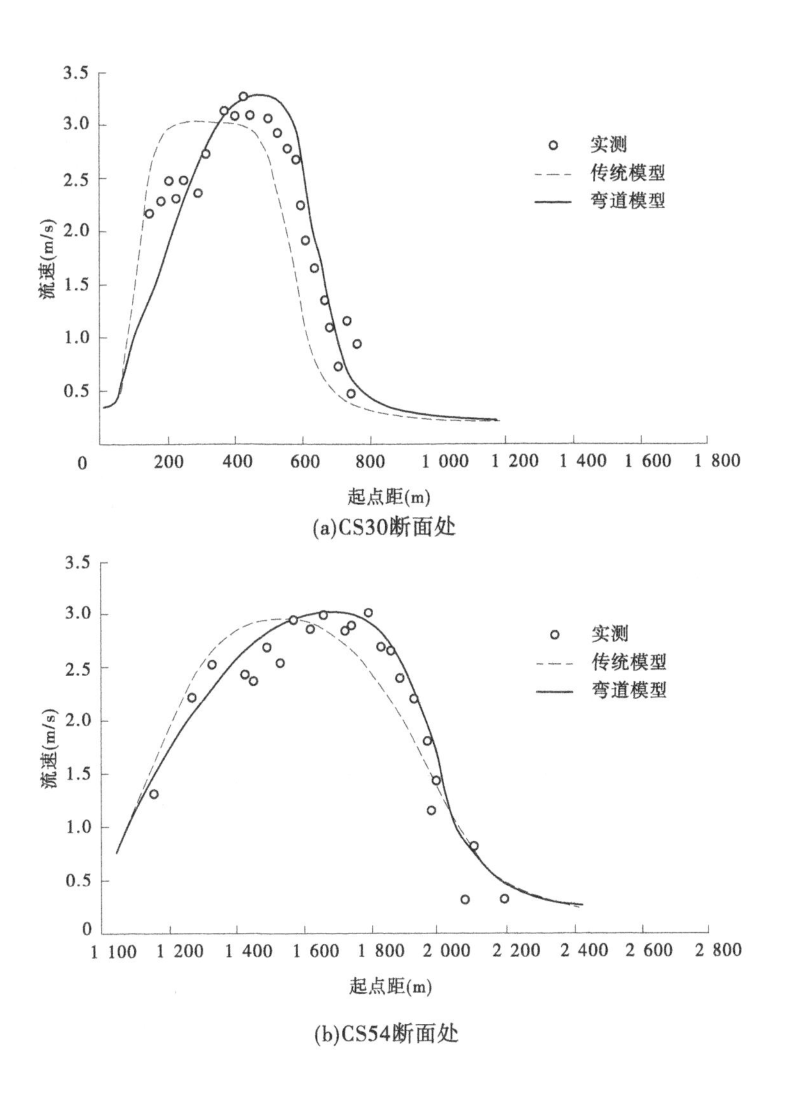

图 7-7 计算流速横向分布与实测值的比较(主槽部分)

7.2.2.2 含沙量分布

图 7-8 为计算河段含沙量分布图,从图 7-8 中可以看出,含沙量分布直接与水流特性相关,在主槽的主流区含沙量较大,滩上含沙量相对较小,在主槽弯道凸岸含沙量明显增大,符合弯道泥沙输移特性。含沙量主要受流场分布、泥沙扩散等因素影响,计算的沿程含沙量大小和最大含沙量的位置基本符合天然情况下的含沙量沿河宽分布的特点。

典型断面 CS30、CS54 的计算含沙量见图 7-9, 从该图中可以看出,计算的断面垂线平均最大含沙量点的含沙量大小及位置与实测值趋势一致,计算的沿程含沙量大小和最大含沙量的位置基本符合天然情况下的含沙量沿河宽分布的特点。

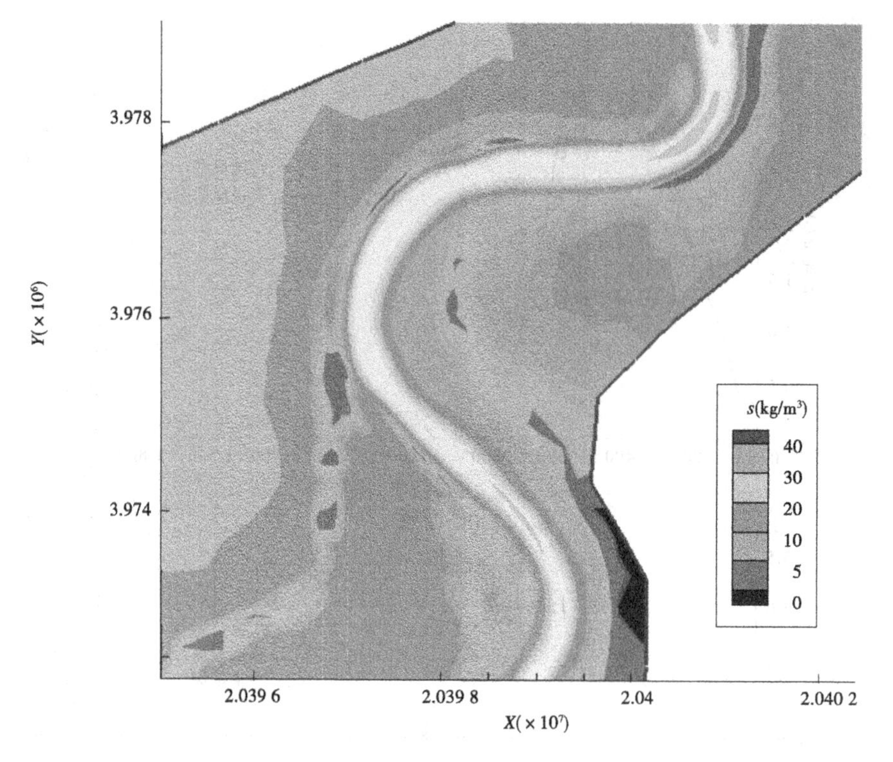

图 7-8　计算河段含沙量分布图

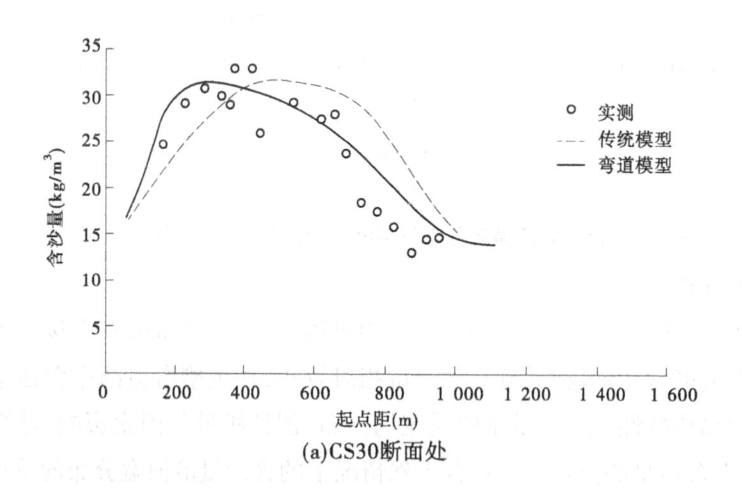

(a)CS30断面处

图 7-9　计算含沙量横向分布与实测值的比较(主槽部分)

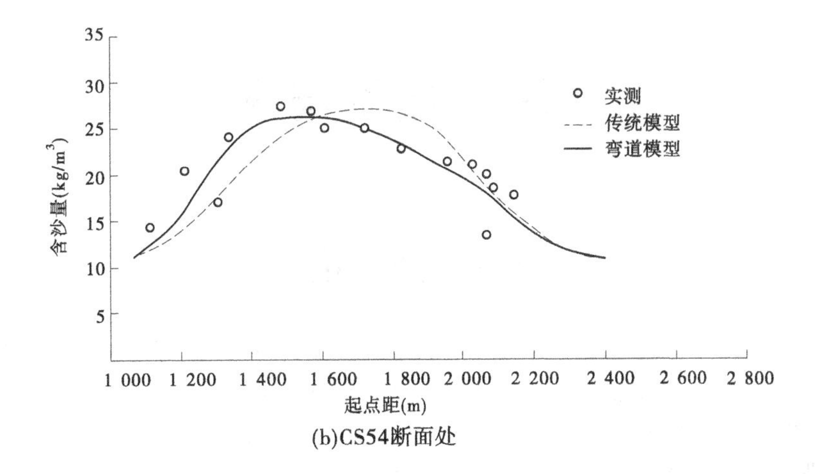

(b)CS54断面处

续图 7-9

第8章　结论与展望

8.1　结　论

本书基于理论分析与弯道水槽试验，对弯道水沙输移特性及弯道水流泥沙数学模型展开研究，主要内容包括：弯道水沙输移特性理论分析与试验研究，弯道水流数学模型研究（包括三维水流模型和弯道修正二维水流模型），弯道泥沙数学模型研究（包括三维泥沙模型和弯道修正二维泥沙模型），二维、三维嵌套水流模型研究等。主要结论如下：

（1）通过理论分析及弯道水槽水流试验，对弯道水面形态，纵、横向流速分布，横向环流的形成机理与过程进行了深入探讨与研究。

水流进入弯段后凹、凸岸水面不再持平，出现从凸岸向凹岸倾斜的横比降，最大横比降随水流强度上提或下挫；流速分布受过水断面形状及纵向变化、边壁粗糙程度、因弯道离心力而中泓偏离等因素的影响，而呈现复杂的三维流动；水流入弯后凸岸纵向流速稍有增加，而凹岸稍有减小，至某一部位后，又出现相反的调整，流速分布趋于均匀，最大纵向流速逐渐向凹岸转移，至出弯后相当长的一段距离内，最大流速依然靠近外侧河岸；弯道段表层流速明显偏向凹岸，底层流速明显偏向凸岸。

（2）理论分析了泥沙分级起动、河床粗化、动态保护层的形成与破坏规律，结合弯道水槽泥沙试验，深化了对弯道泥沙输移、河床变形、床沙级配调整及河湾形态变化等基本特性的认识。

弯道中纵向输沙与横向输沙并存，弯道上段，环流将表层含沙较少、粒度较细的水体带到凹岸，并在凹岸河底攫取的泥沙颗粒被纵向水流推向下游，凸岸不会出现明显淤积；弯道中段，凸岸泥沙开始淤积，凹岸一侧转换为主流带，冲刷现象较为明显；弯道下段，两岸含沙量相差很大，凸岸处出现淤积区域，凹岸形成最大的冲刷区；动床床面形态不仅与水流条件有关，还与床沙组成相关。河湾形态试验研究表明，大水时凹岸冲刷强烈，河湾边滩岸线逐渐靠往凸岸，曲率半径则随流量增大而增大；弯道断面形态发育同时受造床流量和河床组成的影响。

（3）探讨了基于正交曲线网格的三维水流泥沙模型、弯道修正水流二维模型、水深平均二维水流泥沙模型的数值模拟方法，将各模型通过水流试验成果进行检测与检验，结果显示不同模型的模拟效果存在一定差别，各有利弊。

三维水流泥沙数学模型可准确模拟弯道水流泥沙输移规律、河床冲淤特性，并能够提供含沙量的垂线分布，但三维水沙模型在大范围、长系列水沙计算中的实用性尚需提高，另外对于三维非均匀沙模型的理论研究还有待进一步完善；水深平均二维水流泥沙模型，尽管理论较为成熟、处理简单、计算方便，非均匀全沙模型也可广泛应用于实际工程，但对于弯道模拟计算，在用于弯道水流泥沙计算时结果失真，很难真实地揭示出弯道水流的基本运动的基本规律;基于全面考虑弯道三维水沙特性的弯道修正二维模型可基本呈现出弯道水流泥沙输移特性及河床变形规律,较水深平均二维模型有很大改善,可基本强化二维水流泥沙模型的贴真性,计算耗时与水深平均二维模型相差无几,但修正效果对修正模式有着明显的依赖性。

综上所述,在需详细了解弯道输水输沙细部特性时,需使用三维水流泥沙模型;当进行长系列大范围的计算,又对计算精度要求相对不高时,可采用弯道修正二维水流泥沙模型;对于弯道计算来说,使用水深平均二维水流泥沙模型结果失真。

(4)探讨了二维、三维嵌套水流模型在天然河道中的应用,证明了模型的可行性与合理性。

应用二维、三维嵌套水流模型计算了某天然河道,对水面线、流场进行分析,结果表明:计算所得水面与流场自平顺,可真实反映弯道水流基本特性,模型具有一定的适用性。

8.2 展 望

本书在理论分析弯道水沙输移特性的基础上,结合弯道水槽试验,建立了三维水流泥沙数学模型,弯道修正二维水沙数学模型,二维、三维嵌套水流模型,并对模型进行检测与检验。但鉴于天然弯道的紊流及泥沙运动的复杂性,作为本书的继续研究,还有许多问题需进一步探讨和完善。主要做好以下几方面工作:

(1)关于自由面处理,目前采用的 Poisson 方程法,仅适用于水面单值,且水面变化不剧烈的情形,对于诸如水跃、波浪破碎的水面不连续或水面不单值的情形,还需采用 VOF 或更科学的处理方式。

(2)关于三维非均匀沙模型,还有很多关键问题需进一步研究与完善,如三维非均匀沙底部挟沙力、底部含沙量,以及紊动扩散系数等问题。

(3)弯道水沙输移将伴随着凸岸淤长、凹岸蚀退,要准确模拟弯道发展、发育特性,还需借助土力学中关于边坡稳定知识,建立河岸崩塌数学模型,将垂向河床变形与横向河岸展宽统筹考虑。